東北大学名誉教授
二間瀬敏史

Quantum Teleportation:
Can Humans Be Transferred?

量子テレポーテーションで人間は転送できるか?

やさしく読める量子力学

A Gentle Introduction to
Quantum Mechanics

さくら舎

はじめに

量子《りょうし》コンピュータの話題が新聞などによく出てきます。コンピュータという言葉はおなじみでも、量子という言葉の意味を知っている人は少ないでしょう。

何となく原子のような小さな粒子《りゅうし》というイメージでしょうか。確かに量子とは極微《きょくび》の粒子のことですが、それはほんの一面にすぎません。

量子とは何なのか、どんな性質をもっているのかをできるだけわかりやすく説明したのがこの本です。

量子は**「離れた2ヵ所に同時に存在できる」**というような、人間の理解の範囲を超えた摩訶不思議《まかふしぎ》な存在です。この不思議な性質については本文中でくわしく説明しますが、あのアインシュタインでさえ、量子のもっている性質を受け入れることができなかったほどです。「そんな馬鹿な」と思うかもしれませんが「そんなものかな」というくらいの気持ちで受け止めてください。

もちろん、量子の不思議な性質には実験的な裏付けがあります。その実験についても解説しています。

この量子を扱うのが、量子力学です。量子はいろいろな分野で顔を出すので、その影響をまとめて量子効果、それを扱う学問を量子物理学といったりします。

量子力学の完成は1925年で、物理学にとっては革命的な出来事でした。それまでの物理学をまとめて古典物理学と呼ぶようになったほどです。

それからちょうど100年になりますが、量子力学が解明した物質の構造と電磁波の放射・吸収の仕組みに基づく技術を用いて開発された機械は、半導体やレーザー、CCDカメラなど枚挙《まいきょ》にいとまがありません。

量子力学は経済的・社会的効果が大きいだけに、**開発競争だけでなく研究不正、捏造などの科学スキャンダル**も起きています。本書では量子力学がもたらす光と闇についても触れています。

さらに21世紀に入って、**量子力学**はミクロの世界の物質に対する法則というだけでなく、**時空の成り立ちそのものと深い関係があるらしい**ことがわかってきました。一般書ではあまり触れられることがない、この量子力学の新しい側面についても紹介します。

量子コンピュータや量子情報などという言葉が先行していて、それらがすでに実用化されているようなイメージがあるかもしれません。しかし実用化には、量子そのものを自由自在に操れる技術が必要です。本書で紹介するように、量子を扱うにはデコヒーレンス、つまり**量子のもつ性質が非常にもろく、すぐに消えてしまう**という難しさがあるのです。

デコヒーレンスを克服《こくふく》して量子そのものを自由に操れるようになって初めて、量子の時代が到来します。それにはそれほど長い時間はかからないでしょう。

最後に、筆者の専門は一般相対性理論、宇宙論といった分野ですが、日本の大学に就職して最初の数年間は量子力学の授業を担当しました。学生時代に量子力学を受講したときには、その不思議さにあまり注意が向かなかったのですが、実際に教える立場になって初めて量子力学の不思議さに目を開かれた思いがしました。

本書が量子とそれが活躍する世界の不思議さの一端でも伝えることができれば幸いです。

東北大学名誉教授　二間瀬《ふたませ》敏史《としふみ》

Introduction

量子力学がざっくりわかるイントロダクション

量子って何？　量子力学って何？

量子《りょうし》とはごく大雑把《ざっぱ》にいえば小さな小さな粒子《りゅうし》のこと。分子《ぶんし》や原子《げんし》、もっと小さな素粒《そりゅう》子《し》（電子《でんし》など）も量子。量子は特定の粒子を指す言葉ではなく、ある性質をもった粒子の総称です。それら量子の振る舞いを支配しているミクロの世界の法則を量子力学といいます。

量子力学とは物体に働く力と運動との関係を論じる物理学の一分野のことです。

量子の性質って何？　何が変わってるの？

たとえば、ボールと量子を比較してみましょう。ボールを投げてどんなふうに飛んでいったか、時々刻々のボールの位置と速度は計測すればわかります。一方、量子は位置と速度の両方を同時に決めることができません。位置を正確に決めると速度を決められず、速度を決めると位置を決めることができなくなってしまいます。これは別の言い方をすると、「**あらゆる場所に同時に存在できる**」ということです。この不思議な性質は、量子に備わった波の性質によるものです。

「波と粒子の二面性」ってどういうこと？

量子は「粒子と波の両方の性質をもった存在」という説明をよく見かけます。量子は1個の粒子として観測されますが、観測していないときは「そこにいる可能性（確率）」として存在し、その可能性が波のように広がっていることを意味します。

たとえば電子を観測すると、その瞬間に必ず1個の電子として現れます。しかし1個の電子を2つの穴の開いた衝立《ついたて》にぶつけたとき、観測をしないと電子は波として2つの穴を通るのです（1個の電子が分裂して2つの穴を通ったわけではありません）。

これまでの物理学とどこが違うの？ 量子力学と相対性理論、どっちがすごいの？

量子力学はドイツのハイゼンベルク（1925年）とオーストリアのシュレーディンガー（1926年）によって完成されました。量子力学はそれまでの物理学の素朴《そぼく》な実在論とはかけ離れていたので、多くの物理学者は半信半疑でした。アインシュタインは、最後まで量子力学自体が不完全だと思っていました。

素朴な実在論とは、1個の物体は1個であり、観測しようがしまいが存在するものは存在するなど、私たちが物体に対してもっている日常的な理解のことです。物理学では**局所実在論**（遠く離れた場所でおこなわれる測定は相互に影響し合わず〔局所性〕、測定対象の物理量は測定する前から決まっている〔実在性〕とする理解）といいます。

ニュートン力学など局所実在論を前提とする物理学は、古典物理学と呼ばれています。20世紀に入ってできたアインシュタインの相対性理論も古典物理学です。相対性理論は、動いている時計は遅れるなどの予言をして時間と空間の概念を一新し、宇宙の膨張やブラックホールの解明に大きく寄与《きよ》しましたが、物質の運動に関しては局所実在論の立場をとっていました。

なお、量子力学と相対性理論なくして現在の物理学はありえません。両方とも物理学に革新をもたらしました。どっちも絶対に必要で、すごいのです。

量子は何の役に立つの？　量子で何ができるの？

不思議な量子の性質は、現代社会に大きな影響を及ぼしています。現代はあらゆる家電製品、自動車から飛行機にいたるまでコンピュータでコントロールされていますが、コンピュータの半導体は量子力学がなければ実現しません。レーザー、デジカメも量子力学の産物です。

今後も、リニア新幹線で使われる超伝導モーターや新たな通信手段である量子通信、従来のコンピュータでは歯の立たない問題を計算できる量子コンピュータ、より正確な時刻を測定できる光格子《ひかりこうし》時計など、量子力学に基づく新たな技術が開発され実用化されていくでしょう。

目次　量子テレポーテーションで人間は転送できるか？——やさしく読める量子力学

第2章　開かれたミクロの扉

第3章　量子力学のミステリー

第4章 量子力学Q.E.D.（証明終了）

第5章 核融合スキャンダル&超伝導フィーバー
——量子がもたらす光と闇

第6章 量子時代がやってくる ——量子コンピュータと暗号

第7章 ブラックホールを量子力学で解き明かす

第8章　量子もつれが時空を生み出す

量子テレポーテーションで人間は転送できるか？

――やさしく読める量子力学

第1章

アブラカタブラ、不思議な量子

ミクロの世界の住人はみんな「量子」

ミクロの世界の主人公は量子《りょうし》です。物質を細かくしていくと分子《ぶんし》、そして原子《げんし》になりますが、分子と原子は量子です。原子は中心に原子核《かく》があってそのまわりを電子《でんし》がとり巻いていいます。原子核も電子も量子です。電子など物質の基本的な構成要素とされる素粒子《そりゅうし》も量子。物質だけでなく、光も光子《こうし》と呼ばれる小さな小さな粒で、量子です。

このように量子という名前の特定の粒子《りゅうし》があるわけではなく、**だいたい分子より小さいサイズのものはすべて量子**なのです（図1）。

この量子はとても不思議な存在です。その不思議さを、量子の性質をもつオセロがあったとして、それで説明してみましょう。ここではオセロの石のことを簡単にオセロということにします。

白黒はっきりしない謎の量子オセロ

普通のオセロには両面があって、片面が白、その反対側が黒になっています。でも量子オ

図1　量子のなかまたち

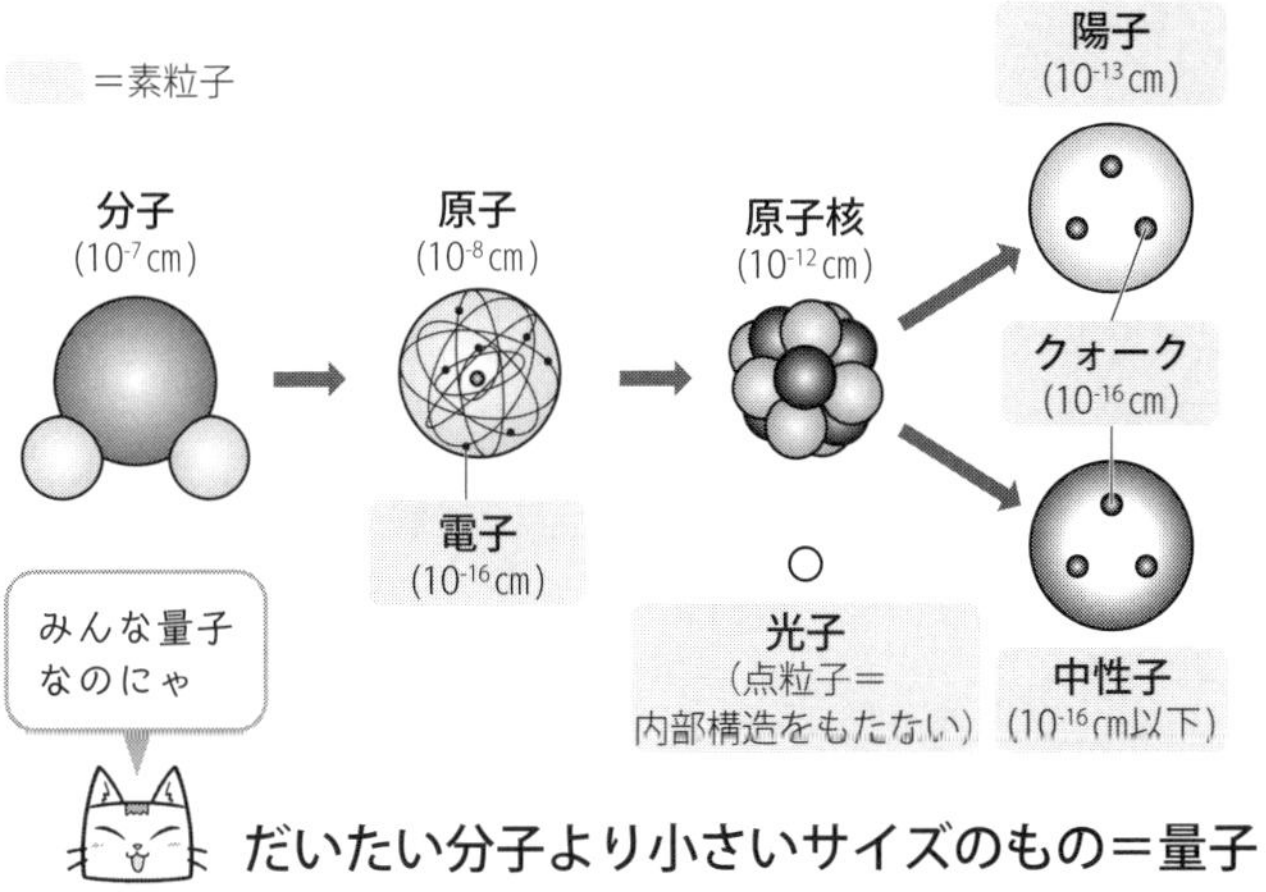

セロは「両面があって、片方が白、反対が黒」というわけではありません。でも、見たら白か黒のどちらかに見えます。これは**量子オセロは2つの状態をもっていて、見るとそのどちらかだけが見える**ということです。なんだかわけがわかりませんね。

この量子オセロはわれわれの日常感覚からかけ離れた不思議な性質をもっています。

まず、普通のオセロを大きな箱の中に入れておきます。箱の中にはオセロをはじき飛ばす仕掛けがしてあります。はじき飛ばされたオセロは、白い面か黒い面のどちらかを上に向けて倒れます。

ただし倒れるまでは、箱のフタを閉じておいて中が見えないようにしておきます。箱のフタを開けて光を当てると、オセロの色がわかります。フタを開けたら白だったとしましょう。もちろん開ける直前も白に決まっています。また開けたフタをいったん閉めて、またフタを開けても白のままです。

同じことを量子オセロでやってみましょう。量子オセロも箱のフタを開けると白か黒のどちらかになっています。ここまでは普通のオセロと同じです。

さて、**箱を開けたとき量子オセロが白だったとしましょう。では開ける直前はどうだったでしょう。白に決まっている、と思うかもしれませんが、実はそうではないのです。**もちろん量子オセロをはじいたのは1回だけです。

たとえばまったく同じ仕掛けがしてある箱を100個用意して、オセロのはじき方をどの箱でも完璧に同じように設定すれば、オセロはまったく同じように振る舞うはずです。オセロをはじくと、まったく同じように転がって、1つの箱で白が表だったら、すべての箱で白となるはずです。実際には箱の底面の状態が微妙に違うなどでオセロの転がり方は完全には同じになりませんが、原理的にはまったく同じ条件にすることは可能です。

ところが**量子オセロの場合、どんなに同じ条件にしてもフタを開けると、ある箱では白、ほかの箱では黒となっているのです。同じ結果にはならないのです。**

あるいは量子オセロはフタを開けて見ていないときは、生き物のように白だったり黒だったりの変化をくり返していて、たまたま白だったときにフタを開けたのでしょうか。もしそうなら、白から黒に変わる瞬間にフタを開ければ、変化する様子が見えるはずです。

しかし、どんなタイミングでフタを開けても、白か黒のどちらかの状態しか観測されることはありません。したがって観測していないとき、白になったり黒になったりをくり返してはいなさそうです。どう考えたらいいのでしょう。

確率が共存する「状態の重ね合わせ」？

物理学者の考えた答えは、**観測していないとき量子オセロは白でも黒でもない、それらが適当な確率で共存している**というものです。

たとえば「白の状態が80％、黒の状態が20％の確率で共存している」とします。これはもちろん、1個の量子オセロが、白80％＋黒20％の配合で混ざってグレーやマーブル模様色になる、ということではありません。これは100万回観測すると、80万回が白で20万回が黒になるということです（図2）。

私たちが観測するときには、必ず白か黒のどちらか1つです。観測した瞬間に、白と黒の2つの可能性のどちらかが確率にしたがって選ばれるのです。

ちなみに、**確率とは、ある事象の起こりうる可能性の程度を表したもので**（この「可能性」を量子力学では「状態」と呼ぶ）、**非常にたくさんの同じ現象を観測して、初めて意味があるもの**です。

たとえば１００回しか観測しなかったら（先の例でいえば、１００個の箱を用意して、いっせいにオセロをはじいて観測したこと）、そのうちの60回が白、40回が黒かもしれませんし、45回が白、55回が黒かもしれません。あるいは非常に稀《まれ》ですが、５回が白で95回が黒の場合もありえます。しかし１００億回観測したら、ほぼ80億回が白でほぼ20億回が黒になります。このように**ある程度以上、多数の観測をして初めて確率は意味をもつ**のです。

では、観測していないとき、量子オセロはどうなっているのでしょうか。これについては、物理学者の間でもさまざまな考えがありますが、観測していないとき、量子は普通の意味（白か黒か）では存在せず、先で述べた確率的な意味（白の状態が80％、黒の状態が20％）でしか存在しないことを認めて話をすすめましょう。

したがって量子オセロは、フタを開けて白だったとしても、フタを開ける直前も白というわけではありません。常識では考えられないことですが、20世紀後半の観測技術の進展によって、量子がそういう存在であることは確認されているので、いくら不思議でも受け入れ

図2　不思議な量子オセロ

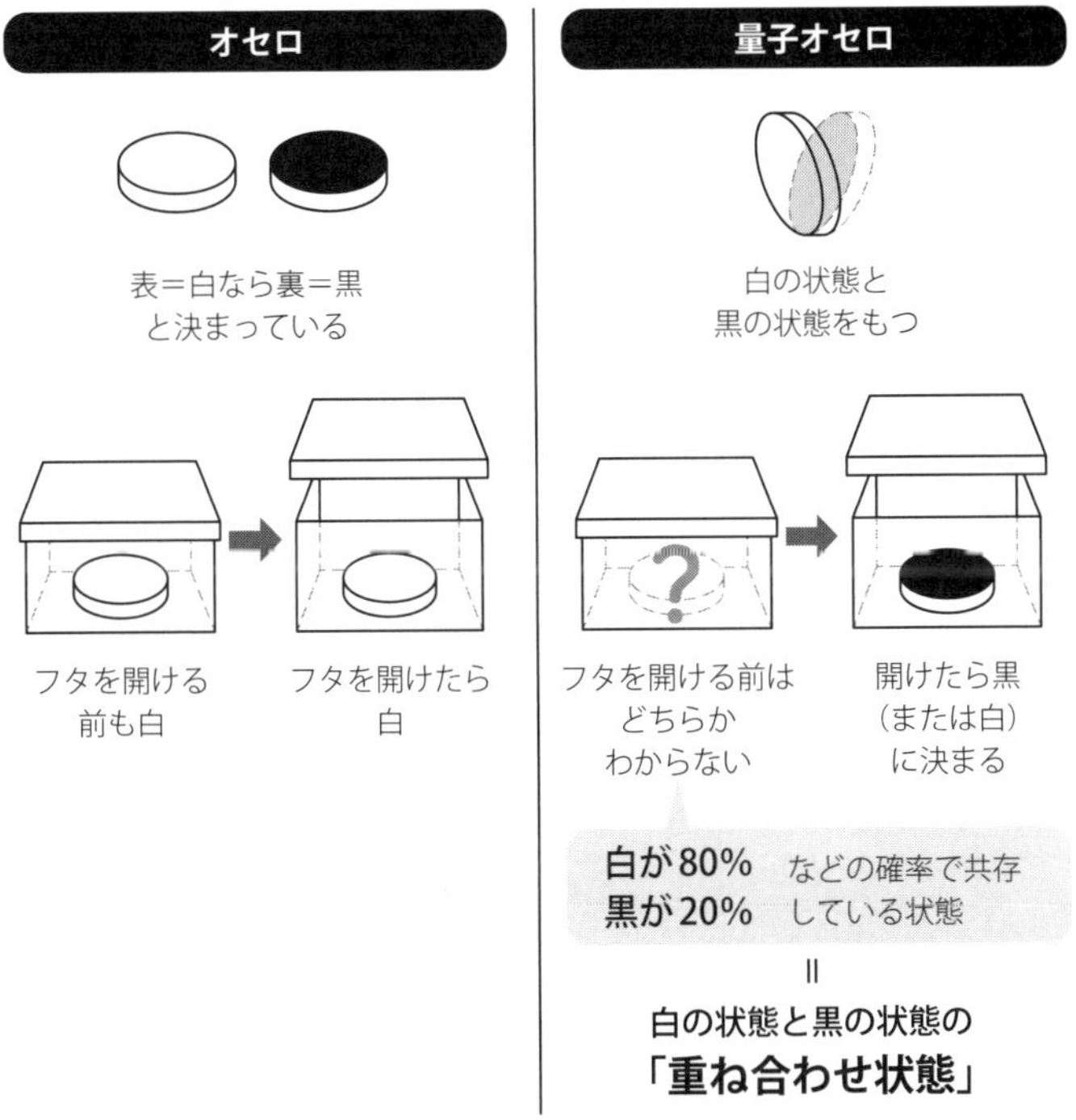

量子＝いくつかの異なった状態の
重ね合わせをもつもの

るしかないのです。

この**観測していないときに白の状態と黒の状態がある確率で共存している状態を**、白の状態と黒の状態の「**重ね合わせ状態**」といいます。量子オセロは白か黒かの2つの状態しかもちませんが、それらの**状態の重ね合わせ方が無数にある**、ということです。

つまり、「いくつかの異なった状態の重ね合わせをもつもの」を量子といいます。これが量子の定義です（いまはまだわかりにくいかもしれませんが、本書を読んでいくとだんだんわかってくるでしょう）。

量子＝いくつかの異なった状態の重ね合わせをもつもの

この章のはじめにも書きましたが、光子も電子も量子です。量子という名の特定の粒子があるわけではなく、ミクロの世界の住人は、すべてこういう量子なのです。特に光子と電子は、量子オセロのように2つの状態をもった量子で、この本ではいろいろな場面で登場します。

量子もつれのオセロが示す矛盾──EPRパラドックス

さて、1枚の量子オセロでも不思議ですが、2枚の量子オセロになるともっと不思議なことが起こります。これは物理学者アルベルト・アインシュタインが1935年に当時の同僚ボリス・ポドルスキー、ネイサン・ローゼンと指摘したことです。

相対性理論を作り上げたアインシュタインは、量子の世界の扉を開いた張本人のひとりでもあります。しかしアインシュタインは、前述のような量子の存在の仕方を決して受け入れませんでした。そして、**もし量子が確率的にしか存在しないなら、相対性理論と合わないおかしなことが起こる**と指摘しました。この彼らの主張はアインシュタイン・ポドルスキー・ローゼンのパラドックス、略して**EPRパラドックス**と呼ばれます。このパラドックスを量子オセロで説明してみましょう。

用意した2枚の量子オセロには細工がしてあって、観測すると2つのオセロは必ず同じ状態になっているとします。一方が白なら他方も白、一方が黒なら他方も黒ということです。一方が白で他方が黒でもかまいませんが、ここでは観測すると常に同じ色になっているとします。

このように**一方の状態と他方の状態に何らかの決まった関係がある状態を、「量子もつれ（量子エンタングルメント）」**といいます。

さて、量子もつれの状態にした2つの量子オセロを、観測しないままでそれぞれ箱に入れて遠くに離します。たとえば一方を京都、片方を地球から38万キロ離れた月面に持っていきます。これで準備ができました。

京都に置いた箱のフタを開けてみます。もし中のオセロが白だったら、月面に置いた箱の中の量子オセロは箱を開けなくても白ということがわかります。京都が黒だったら月面でも黒です（図3）。


これは何も不思議なことはないように思えますが、もう少し考えてみましょう。**京都に置いた量子オセロはフタを開けるまでは、白の状態と黒の状態の重ね合わせ状態にあって、フタを開けた瞬間に白、あるいは黒に確定した**のです。フタを開ける前に白か黒かが決まっていたわけではありません。白かもしれないし黒かもしれなかったのです。量子オセロとはそういうものでした。

一方、京都の量子オセロが白と確定するまでは、月面に置いた量子オセロは当然、京都の

**図3　量子もつれは光速を超えて情報が伝わる？
（EPRパラドックス）**

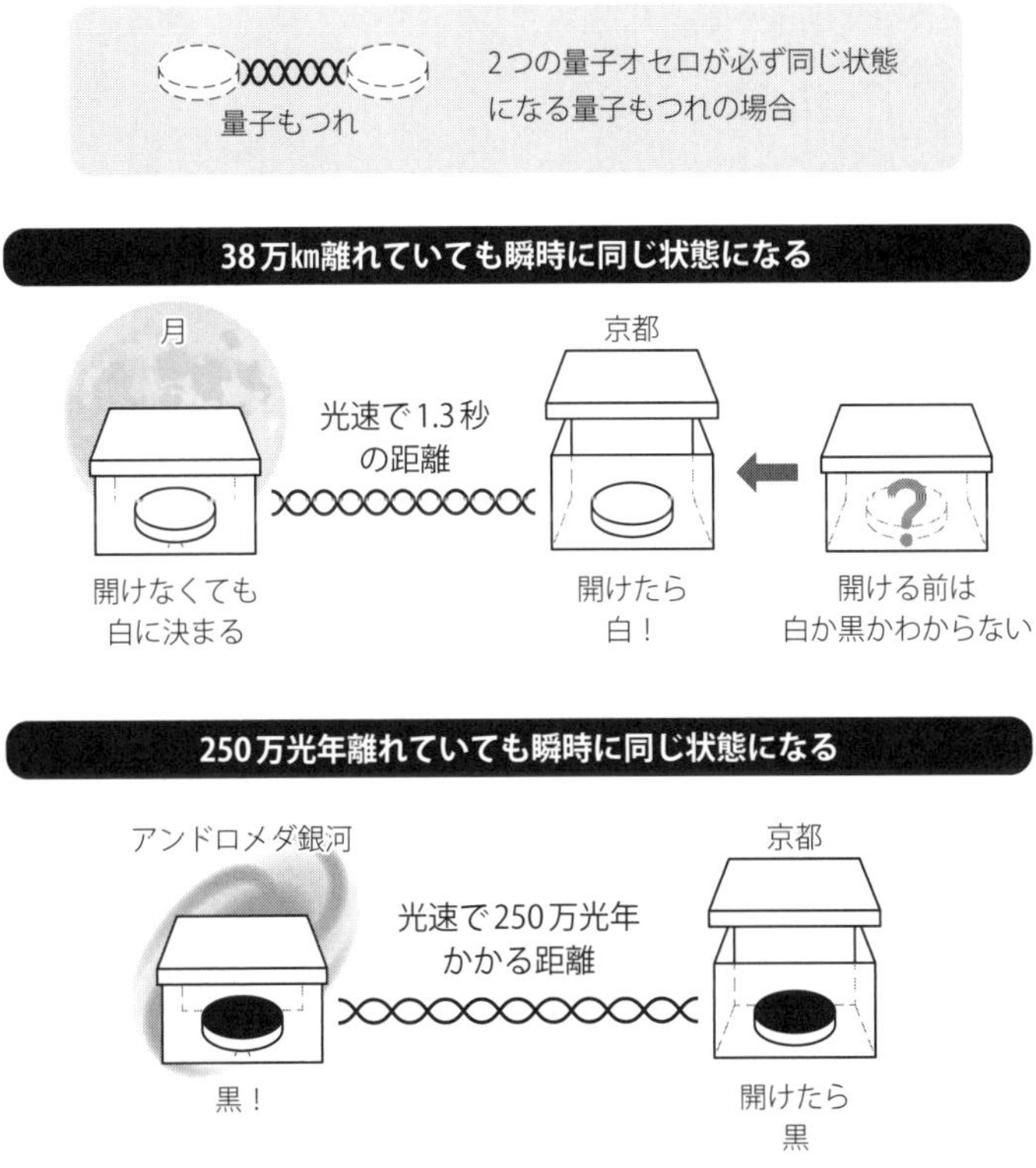
量子もつれ
2つの量子オセロが必ず同じ状態になる量子もつれの場合
38万km離れていても瞬時に同じ状態になる
月
京都
光速で1.3秒の距離
開けなくても白に決まる
開けたら白！
開ける前は白か黒かわからない
250万光年離れていても瞬時に同じ状態になる
アンドロメダ銀河
京都
光速で250万光年かかる距離
黒！
開けたら黒

量子力学、おかしくないか？

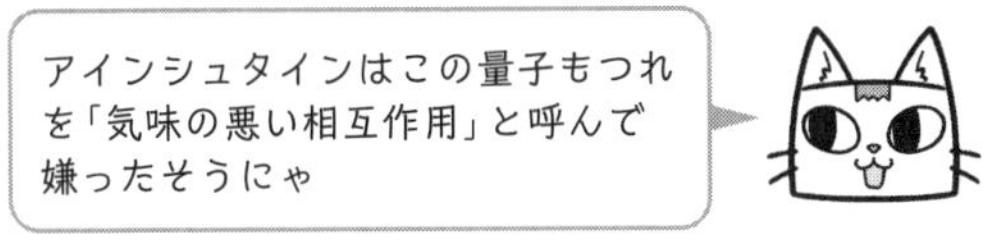
アインシュタインはこの量子もつれを「気味の悪い相互作用」と呼んで嫌ったそうにゃ

量子オセロがどちらの状態になっているか知りようがありません。**京都のオセロが白だと観測された瞬間に、月面の量子オセロの状態が白に確定した**のです。

この例では箱を置いたのは京都と月面としましたが、片方の箱を月面ではなく２５０万光年離れたアンドロメダ銀河の中にある惑星に持っていっても結果は同じです。**２つの箱の距離に関係なく、一方の状態が確定すれば他方の状態はたちどころに決まってしまう**のです。

では、アンドロメダ銀河の中に置いた箱の中の量子オセロは、どうやって地球上の量子オセロが白か黒かを知るのでしょう。それも（地球のオセロの状態が確定した瞬間にアンドロメダ銀河のオセロの状態が確定するのですから）「瞬時に」です。

同時の相対性 vs 同時の絶対性

力学とは物体に働く力と運動との関係を論じる物理学の一分野で、量子の振る舞いを記述する法則を量子力学といいます。量子力学が完成したのは１９２５年です。この量子力学にしたがうと、どんなに遠くに離れていても、一方の情報が瞬時に他方に伝わることを認めなければなりません。これをアインシュタインは、「気味の悪い相互作用」と呼び、相対性理論と矛盾《むじゅん》するので、量子力学は不完全であると主張しました。

相対性理論では、情報は光の速度（秒速約30万キロ）**よりも速く伝わることはありません。**たとえば地球と火星は、最接近時で3光分《こうふん》（光の速度で3分）程度かかります。地球で量子オセロが白という情報は、火星には最短でも3分後にしか届かないはずです。ところが量子もつれのオセロを使うと、白黒の情報が瞬時に無限のかなたまで伝わることになるのです。

そもそも**相対性理論では、同時の概念すら絶対的なものではありません。**それは相対性理論では、**どんな運動をしている人にとっても光の速さは同じ**だからです。相対性理論には特殊と一般の2つがありますが、ちょっと寄り道して、特殊相対性理論をかいつまんで説明しましょう。

たとえば列車の真ん中に爆弾があって、それがある瞬間に爆発して光ったとします。するとその光は列車の前の壁と後ろの壁に同時につくでしょう。この列車が前の方に動いていたとします。動いていても列車の中にいる人にとっては、光が前と後ろの壁についたのは同時です。

しかし、同じ出来事を列車の外で止まっている人が見たらどうでしょう。この人が測っても光の速度は列車の中の人と変わりません。すると前に進んだ光が前の壁に当たるまでのわずかな時間に、前の壁は光から逃げるように動きます。一方、後ろの壁は光に近づくように動きます。したがって外の人にとって、光は最初に後ろの壁に当たり、次に前の壁に当たることになります。
このように離れた場所にある出来事が同時かどうかは、それを見ている人の運動状態によって変わってくるのです。これを**「同時の相対性」**といいます。

量子もつれでは、一方の情報が離れた場所に瞬時に伝わりました。離れた場所で同時に状態が確定したのです。では、この「同時」は誰が測ったときの同時なのでしょう。

特殊相対性理論を信じるなら、「誰が測った同時かはっきりしてよ！」というでしょう。なにしろ量子力学はそれに対して何も答えが用意されていないのです。それとも量子もつれを使えば「同時の相対性」など、そもそも嘘っぱちなのでしょうか？　量子もつれさえ使えば、情報は無限の速さで伝わるので、相対性理論が葬《ほうむ》った**「同時の絶対性」**（同時に起こった出来事は、誰にとっても同時）が復活するのでしょうか。

もし光が無限に速かったら、こんな問題は起こりません。1人が見て同時に起こった2つの出来事は、誰が見ても同時に起こります。しかし特殊相対性理論では光は無限に速くはなく、光の速さは見る人の運動によって変わらないのです。

情報は光速を超えて伝わっているか？

本当に情報は光速度を超えて伝わったのでしょうか。もう少しくわしく京都と火星に置いた箱で考えてみましょう。

あなたが京都に置いた箱のフタを開けて、量子オセロが白だったとします。そのとたん火星の箱の中の量子オセロも白になります。しかし火星にいる人は、それをどうやって確かめるのでしょう。

もちろん、火星の人が箱のフタを開ければ、白であることは確かめられます。しかし白だったとしても、その理由が京都にいるあなたがフタを開けたからなのか、あるいは自分がフタを開けたからなのかを知るすべがないのです。

観測するまでは、量子オセロは白の状態と黒の状態の重ね合わせです。フタを開けた瞬間に、どちらかの状態に確定するのでした。したがって**火星の人は、あなたからの連絡がなければフタを変える前の量子オセロが確定した状態にあるのか、重ね合わせの状態にあるのかがわかりません。**

図４　情報の伝達にはやはり時間がかかる

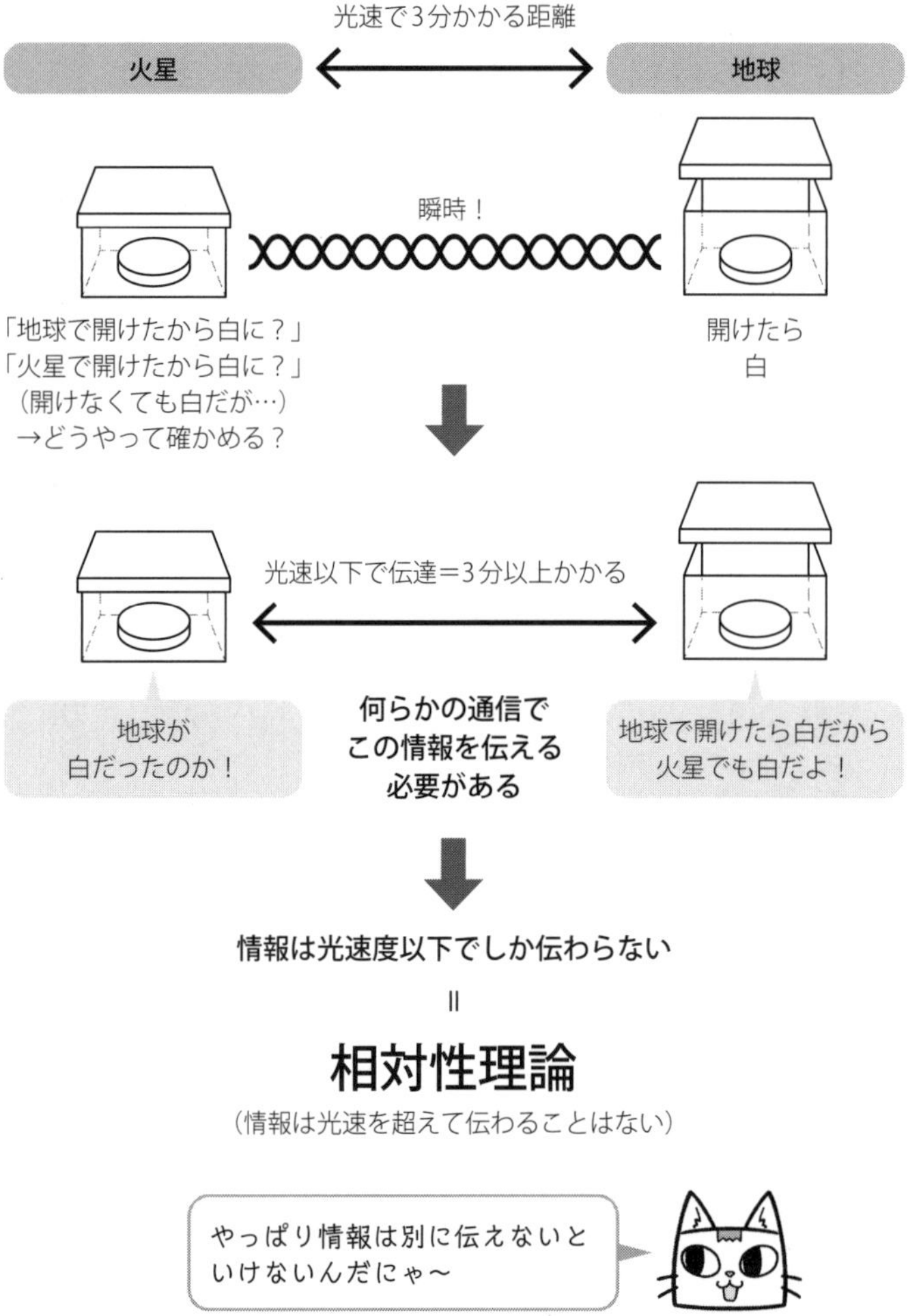

つまり、あなたが電波信号を送るなり、何らかの手段で知らせなければ、火星の人には**地球で白だったという情報は伝わらない**のです（図4）。

通常の手段では、通信速度はもちろん光速度あるいはそれ以下の速度となります。ということで、量子力学といえども情報は光速度以下でしか伝わらず、相対性理論とは矛盾がないのです。

たとえ**量子もつれという瞬時に伝わる現象があったとしても「同時の相対性」には何の影響もない**のです。

日常生活とかけ離れた量子の世界

量子もつれのような状態にあるものは、日常生活には存在していません。ミクロの世界が私たちの日常経験している世界とはまったく違っていることが、なんとなくわかったでしょうか。

アインシュタインは、友人と月夜に散歩していたとき、「見ていなければ、月は存在しないと信じられるか」といったそうです。もちろん月は見ていなくても存在します。しかし、量子の存在は目では見えません。アインシュタインにとっては、量子も月のように見ている、見ていないにかかわらず存在すべきものであり、それゆえ気味の悪い相互作用などあってはならないのです。だから量子力学は完全ではないと信じていたのです。

結論をいってしまうと、量子の存在の仕方は月とは違っています。また「気味の悪い相互作用」も確かに存在します。１９７０年代から実際に量子力学を検証する実験がおこなわれて、その正しさは確認されています（くわしくは第4章で後述）。

いくら不思議でも、われわれの現代文明はミクロの世界の法則である量子力学なくしては成り立ちません。量子力学のもたらす不思議な物理現象を**「量子効果」**といいますが、それは現代社会の広い範囲で活用されています。ある意味、われわれが快適な生活をしていること自体が量子力学の正しさを証明しているのです。

未来社会では量子力学の果たす役割はもっと大きくなるでしょう。その理由のひとつが話題の量子コンピュータです。

いまでもコンピュータなしでは現代社会は成り立ちませんが、現在のコンピュータの性能は限界に近づいています。そこで量子コンピュータの登場となるわけですが、その話題には後で触れるとして、量子の不思議な話としてもうひとつ、量子もつれを利用したテレポーテーションを紹介しましょう。

量子テレポーテーションで瞬間移動？

人や物が一瞬で別の場所に移動するテレポーテーションはＳＦではよく出てきます。そんなことは可能でしょうか。

辞書などには、テレポーテーションとは超能力の一種で瞬間移動すること、と説明されています。人間がテレポーテーションしたとき、人体を構成する物質がミクロに分解されて移動し、別の場所に現れて再合成される、というイメージをもっている人も多いかもしれません。

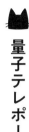

しかし、量子力学で考えられているテレポーテーション（量子テレポーテーション）はまったく違っています。そして、そのテレポーテーションは次世代の量子通信や量子コンピュータに必要不可欠な技術です。量子テレポーテーションを量子オセロの例で見てみましょう。

情報を送る人をアリス、それを受け取る人をボブとします。Ａさん、Ｂさんとするよりも親しみがもてるので、この名前がよく使われます。３人目としてイニシャルがＣのクリスに登場してもらいます。

クリスは自分のもっている量子オセロCの「状態」の情報（白と黒の状態のある特定の重ね合わせ。たとえば30％が白で70％が黒）をボブに送ってほしいとアリスに頼みます（量子オセロCそのものを送るわけではない）。ただしアリスにも知られたくない情報です。そもそもアリスがクリスの量子オセロCを見た瞬間に白か黒の状態になってしまい、元の情報（重ね合わせの状態）が消えてしまうので、見てはいけないのです。


そこでアリスは量子もつれを利用することを考えます。量子もつれ状態にある2枚の量子オセロA、Bを用意して、オセロBをあらかじめボブに送っておきます。たとえば観測すれば、A、Bは必ず同じ色になるとしましょう。それが白なのか黒なのかはわかりません（図5）。

ただし、アリスは自分の量子オセロAを見ることはしません。見てしまえば、ボブの量子オセロBの色はクリスの量子オセロCの色と無関係に確定してしまうからです。

ここで、アリスは自分のオセロAとクリスのオセロCに対してある操作をします。具体的な操作は、実際にどんなものを使うかによります（ここでは量子オセロで話をしていますが、実際に利用されるのは光子や電子などです。たとえば光子の場合は、2つの光子を同時に半

図5　量子もつれを利用した量子テレポーテーション

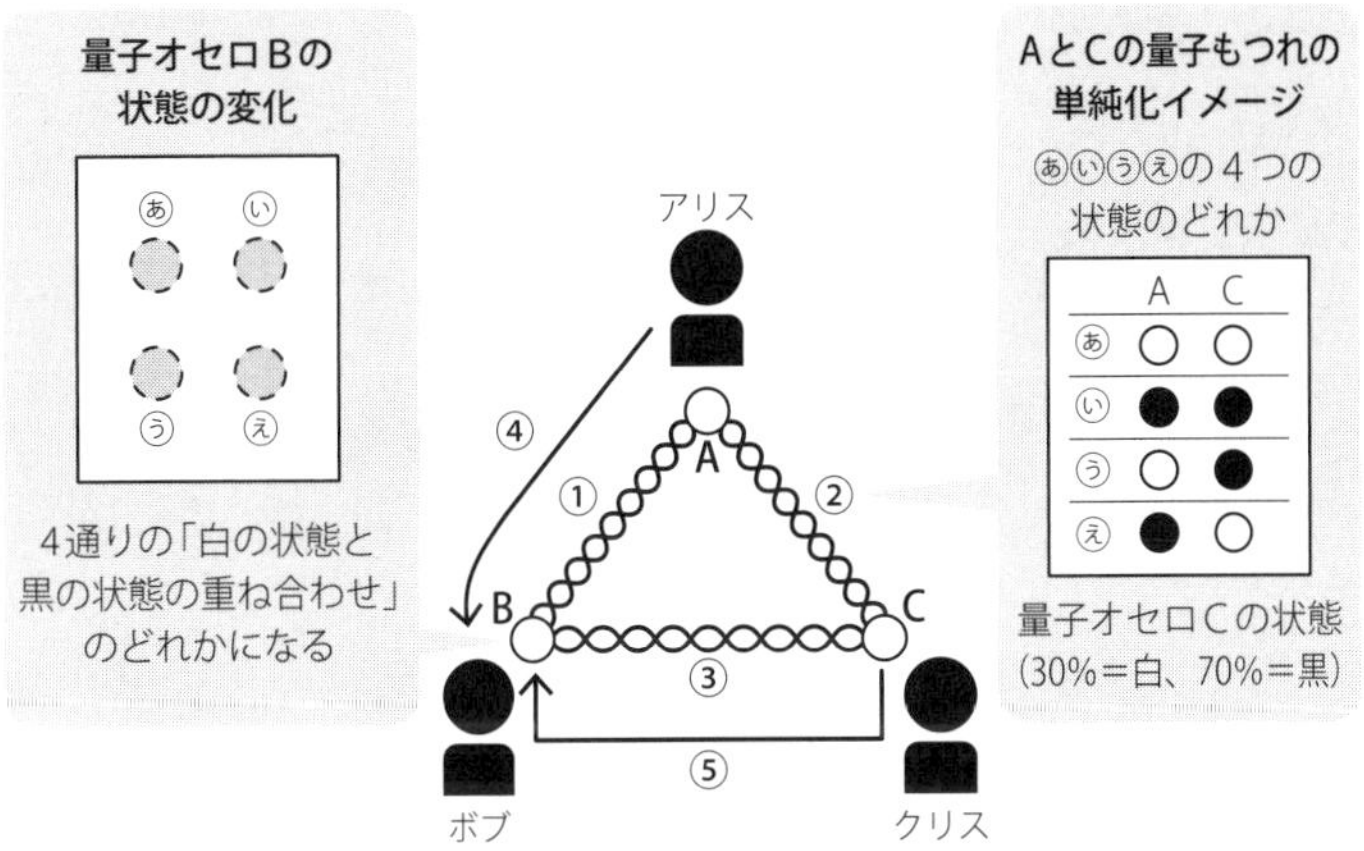
量子オセロBの
状態の変化
あ い
う え
4通りの「白の状態と
黒の状態の重ね合わせ」
のどれかになる
アリス
ボブ
クリス
A
B
C
①
②
③
④
⑤
AとCの量子もつれの
単純化イメージ
あいうえの4つの
状態のどれか
A C
あ ○ ○
い ● ●
う ○ ●
え ● ○
量子オセロCの状態
(30%=白、70%=黒)

①AとBの量子オセロを量子もつれにする

②AとCの量子オセロも量子もつれにする。このとき、AとCの量子もつれはあいうえの4つの状態のどれかとなる

③Bの量子オセロにも変化が起こり、あいうえの4通りの「白の状態と黒の状態の重ね合わせ」のどれかに変わる。部外者がAとCの量子もつれを盗み見ることはできない（情報が消えてしまうため）

④古典的通信方法を利用し、アリスがボブに「AとCの量子もつれはあいうえのどれか」と伝える

⑤ボブはBを調整し、Cと同じ状態（30%＝白、70%＝黒）に変える（Cの状態は消える）

⬇

Cの状態の情報がBに転送され、量子テレポーテーションが完成！

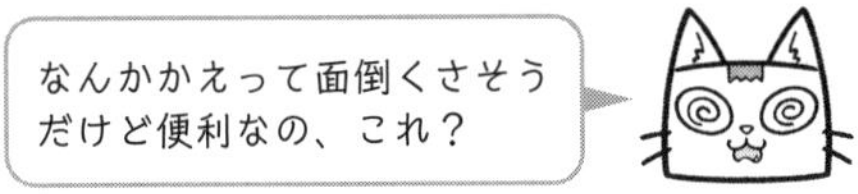
なんかかえって面倒くさそう
だけど便利なの、これ？

透明の鏡にぶつけたり、ある種の結晶《けっしょう》を通過すると、それらは量子もつれ状態になることが知られています。量子オセロの場合もそのような操作ができるとします）。

すると、**アリスのオセロAとクリスのオセロCは量子もつれ状態になります。その瞬間にボブのオセロBも量子もつれとなり、その状態にもある変化が起こります。**その変化は、アリスとクリスのオセロA、Cの量子もつれ状態によって決まります。

もう少しくわしくいうと、アリスとクリスのオセロA、Cの量子もつれ状態は、「両方とも白」「両方とも黒」「Aが白でCが黒」「Aが黒でCが白」の4つの状態のどれかです（これはオセロを見ればそうなるということで、実際にそれぞれの色になっているわけではありません。1つ1つのオセロの状態はあくまで確定していないのです。量子もつれ状態にするということは、おのおののオセロの状態は手つかずのままに、それらの間の関係だけを決めることです）。

この4つの可能性に対応して、**ボブのオセロBの状態が4通りの白の状態と黒の状態の重ね合わせのどれかに変わる**のです。白と黒の重ね合わせの割合は無数にありうるのですが、たった4通りに絞られます。しかもその中の1つがもともとクリスのオセロCの状態（30％が白で70％が黒）になっています。確率4分の1で、元のクリスの情報が得られるのですが、もちろんそれで十分ではありません。

ほかの重ね合わせ状態（たとえば70％が白で30％が黒など）は、オセロCの元の状態ではありませんが、アリスとクリスのもつれ状態の１つとある決まった関係にあるのです。残りの２つの状態も同じように、アリスとクリスのもつれ状態に関係しています。

したがってボブがアリスとクリスのもつれ状態を知ることができれば、適当な操作をほどこすことによって、自分の持っているオセロをクリスと同じ状態にできるのです。

しかし誰かがクリスの情報を盗もうして、アリスとクリスの量子もつれを見てしまうと、その瞬間に量子もつれ状態が壊れてしまい、送りたい情報は消えてしまいます。盗み見ることは原理的にできません。

ここまで来たら、次に古典的な通信方法を利用します。アリスはボブに、自分のオセロＡとクリスのオセロCの量子もつれ状態が４つの可能性のうちのどれかであることを、メールや無線で伝えます。

ボブがその情報をもとにある操作を自分のオセロＢにほどこすと、オセロＢがクリスのもっていたオセロCの状態に変わるのです。

これが量子テレポーテーションです。古典通信を利用することから、この転送は瞬時ではなく、光速以下でしか送れません。しかし**どんなに遠いところへでも、そしてどんなに厳重に閉じ込められた部屋からでも、盗まれることなく情報を送ることができる**のです。超能力では透視とか千里《せんり》眼《がん》といった能力が話題になることがありますが、量子力学ではそれが実現しているのです。ただし量子もつれという仕掛けがあっての話です。

何が転送されたのか、転送されたものは本物か？

量子テレポーテーションでクリスの量子オセロCの状態は消えて、ボブのもっていた量子オセロBに移されます。したがって転送されたものは、状態の情報です。**量子テレポーテーションは物質の転送ではなく、情報の転送**なのです。

でも、ボブに転送された情報をもった量子オセロBは、クリスの持っていた量子オセロCとは違うもので、本物ではないと感じるかもしれません。そうでしょうか。ではいったい「本物」とは何でしょう。

本物とはそれを特徴づける何かの個性（自己同一性）をもっているものとすると、量子オ

図6　量子は区別できない

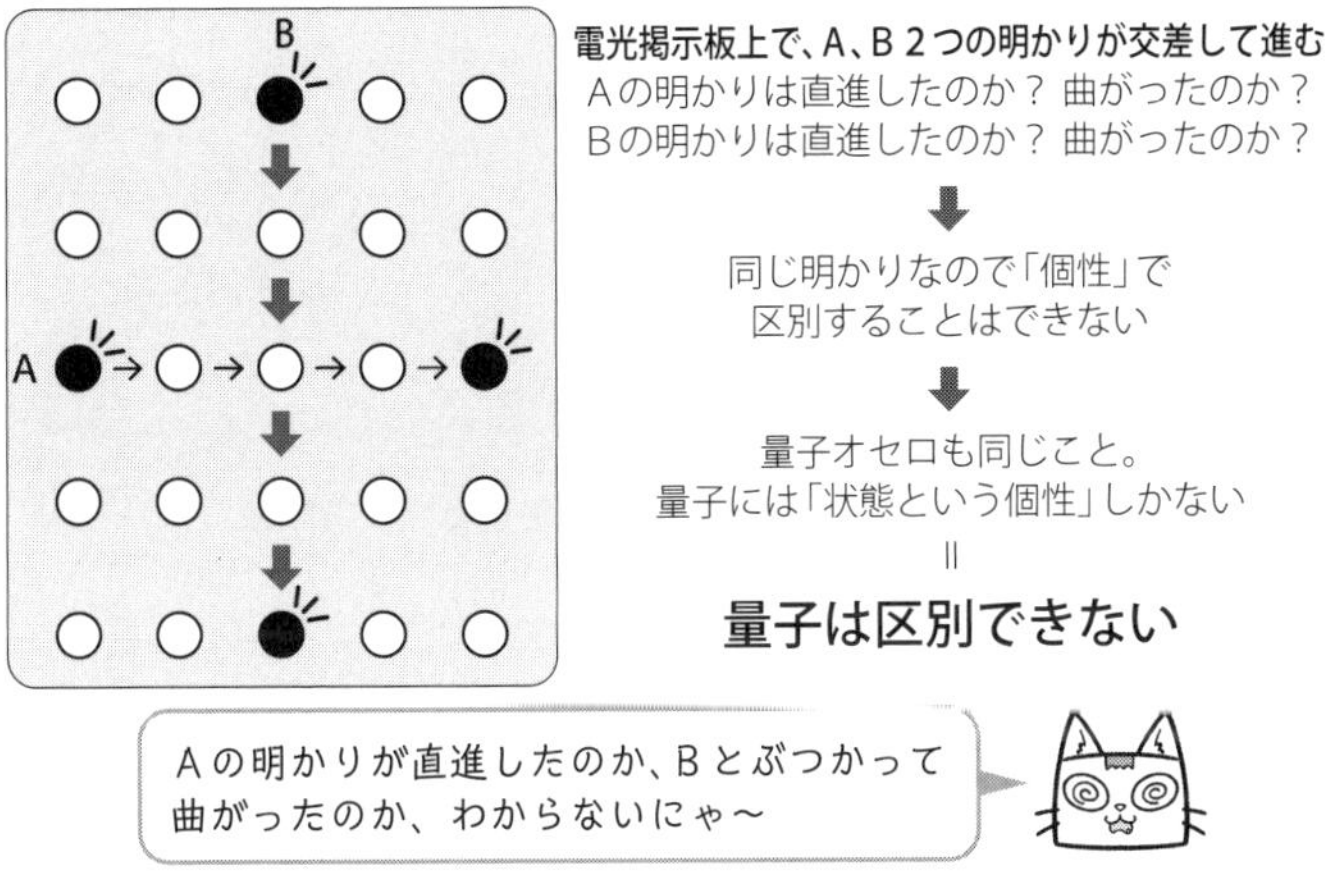
B
A
電光掲示板上で、A、B 2つの明かりが交差して進む
Aの明かりは直進したのか？ 曲がったのか？
Bの明かりは直進したのか？ 曲がったのか？
同じ明かりなので「個性」で
区別することはできない
量子オセロも同じこと。
量子には「状態という個性」しかない
＝
量子は区別できない
Aの明かりが直進したのか、Bとぶつかって
曲がったのか、わからないにゃ～

セロのような量子には「状態という個性」しかありません。

もちろん量子には光子や電子など種類があって、それらは区別することができます。しかし光子同士や電子同士のような**同じ種類の量子の場合、2つの量子が同じ状態をもっていればその2つを区別することができない**のです。

たとえば2つの光子をぶつけたとしましょう。その結果、2つの光子は違う方向に散《さん》乱《らん》（光・音・電波などの波動が物体にぶつかると、さまざまな方向に広がっていく現象）されますが、どちらの光子がどちらの方向に散乱されたかを区別することはどんなことをしてもできません。

日本人として2番目にノーベル賞を受賞した朝永振一郎《ともながしんいちろう》は、このことを電光掲示板で説明しました。平面に多数の電球が並んでいる電光掲示板をイメージしてください。電球が順々に点滅することで光の線が動いているように見えます。

いま2つの方向A、Bから直線状に明かりが近づいてきて、交差したとします。明かりがまっすぐ進んだのか、それとも交差したところで曲がったのかと問う意味はありません。そもそもが電球の点滅なのですから（図6）。

量子とは電光掲示板の明かりのようなものであり、電光掲示板が量子のいる空間、電球は空間に埋め込まれた量子の性質のようなものです。この性質を「場《ば》」といいます。光子なら光子場《こうしば》、電子なら電子場です。空間には何もないように見えても、さまざまな量子の場がそなわっているのです。

量子テレポーテーションとは電光掲示板のある場所の明かり（状態）が、別の離れた場所に移動したようなものです。ただし、そのためには元の場所と移動先の間が量子もつれ状態になっていなければなりません。

ということで、先の量子オセロの例でいえば、本物の量子オセロCが転送され、元の量子オセロは残っていますがもはや元の状態は消えていて、その意味で本物ではないのです。

量子テレポーテーション実用化まであと少し

量子テレポーテーションの仕組みは、1993年に発見されています。そして1997年、オーストリア、インスブルック大学のアントン・ツァイリンガーのグループが、実際に、量子として光子、送る情報として光子のスピンの重ね合わせを使った実験をおこない、成功しました。

ただしこの実験では転送効率が非常に低く、たとえば100個の光子の量子状態（その量子のあり方。ここでは光子の量子もつれの状態）を送っても、せいぜい1個の情報しか正しく転送されませんでした。

翌1998年、当時カルフォルニア工科大学にいた**古澤明《ふるさわあきら》が、より効率のよい量子テレポーテーションに成功**しています。この方法は、やはり量子として光子を使いますが、送る情報はスピンの重ね合わせではなく、光子の波動としての性質を利用したもので、特に量子コンピュータへの応用に役立つものです。

その後、彼らの方法はスピンの重ね合わせにも適用できるように拡張され、転送効率は60％以上にも達しており、光を使った量子コンピュータの実現への期待が高まっています。

人間をテレポーテーションするには？

では、人間の場合はどうでしょう。ＳＦの『スタートレック』では、転送装置に入って「エナジャイズ」などと言うと元の人間が消えて、別の場所に現れます。ウィキペディアを見ると、「物質を量子レベルにまで分解し、『転送ビーム』に乗せてエネルギー波として運び、目的地で再物質化するというもの」という設定のようです。

しかし、量子力学の知見では、実際に転送されるのは人間の情報で、転送元にある物質が消えるわけではありません。転送された瞬間に情報を失って、人間を作っていた物質はバラバラになり雲散霧消《うんさんむしょう》するか、抜け殻《がら》が残るのでしょう。そして意識を含めた情報が乗り移った「本人」が転送先に現れる、というわけです。

現在の量子テレポーテーションの理解では、転送元と転送先に量子もつれにある量子を揃えておく必要があります。どんなマクロな物体も実際はミクロな量子の集合体ですが、量子の数が多くなればなるほど、それらのすべてに対して量子もつれ状態を作るのは至難の業《わざ》です。

2004年にはベリリウム原子とカルシウム原子の量子テレポーテーションに成功したという報告があります。原子の構造は中心の原子核のまわりを何個かの電子が回っているという簡単なものですが、人間のような大きな物体の場合、ミクロに見れば想像を絶する数の量子（さまざまな原子）で構成されており、特に脳の働きなどは複雑な量子もつれをもって存在している（量子脳理論）と考えられています。量子テレポーテーションをおこなうには、まず人間を作っている量子と同じ数の量子もつれ状態にある量子を、転送元と転送先に用意しておかなければなりません。

次に、先の事例でアリスがしたように、転送する量子と自分のもっている量子をもつれ状態にしなければなりません。光子などミクロの粒子を量子もつれにさせる技術はすでに完成していますが、人間のようなマクロな物体の場合、どうやっておこなえばよいのか、よくわかりません。

そもそも量子もつれ状態というのは非常に不安定で、外部のわずかな影響で壊れてしまいます。すると間違った情報が転送されてしまうでしょう。

その間違いを補正するためには、さらに多くの量子もつれ状態にある量子を転送元と転送先に用意しておく必要があります。考えれば考えるほど難しいことだらけです。

ということで、残念ながら、ＳＦのようなテレポーテーションは不可能と思われます。

しかし、実験物理学者の能力を過小評価してはいけません。彼らはより大きな物体のテレポーテーションの実現に向けて、日夜研究しています。原子ができたら分子、分子ができたら有機物と進んでいくでしょう。いつの日かウイルス程度なら量子テレポーテーションができるかもしれません。

あるいは広大な宇宙のどこかに存在する高度に進んだ文明では、生物のテレポーテーションが日常茶飯事《さはんじ》におこなわれているのかもしれません。

第2章

開かれたミクロの扉

第1章で述べた不思議な量子はどのようにして発見されたのでしょう。この章ではその発見の物語をしましょう。

溶鉱炉の温度を正確に知りたい

ドイツ中西部、フランスと国境を接するザールラント州のザール川のほとりに、人口4万人ほどのフェルクリンゲンという小さな街があります。この小さな街が有名なのは世界遺産があるからです。19世紀末のドイツ第二次産業革命を支えた巨大な製鉄所が、当時そのままの形で保存されているのです。

量子の世界の物語は製鉄の溶鉱炉《ようこうろ》から始まります。良質な鉄の生成には、溶鉱炉内の温度を正確に測り、コントロールする必要がありました。灼熱《しゃくねつ》の溶鉱炉の小さな窓が、ミクロの世界の窓だったのです。

溶鉱炉の中のおおよその温度を推定するには、溶鉱炉の小さな窓から漏《も》れてくる光の色を見ればよいことはわかっていました。当時すでに、次のことが知られていました。

図7　波の基本説明

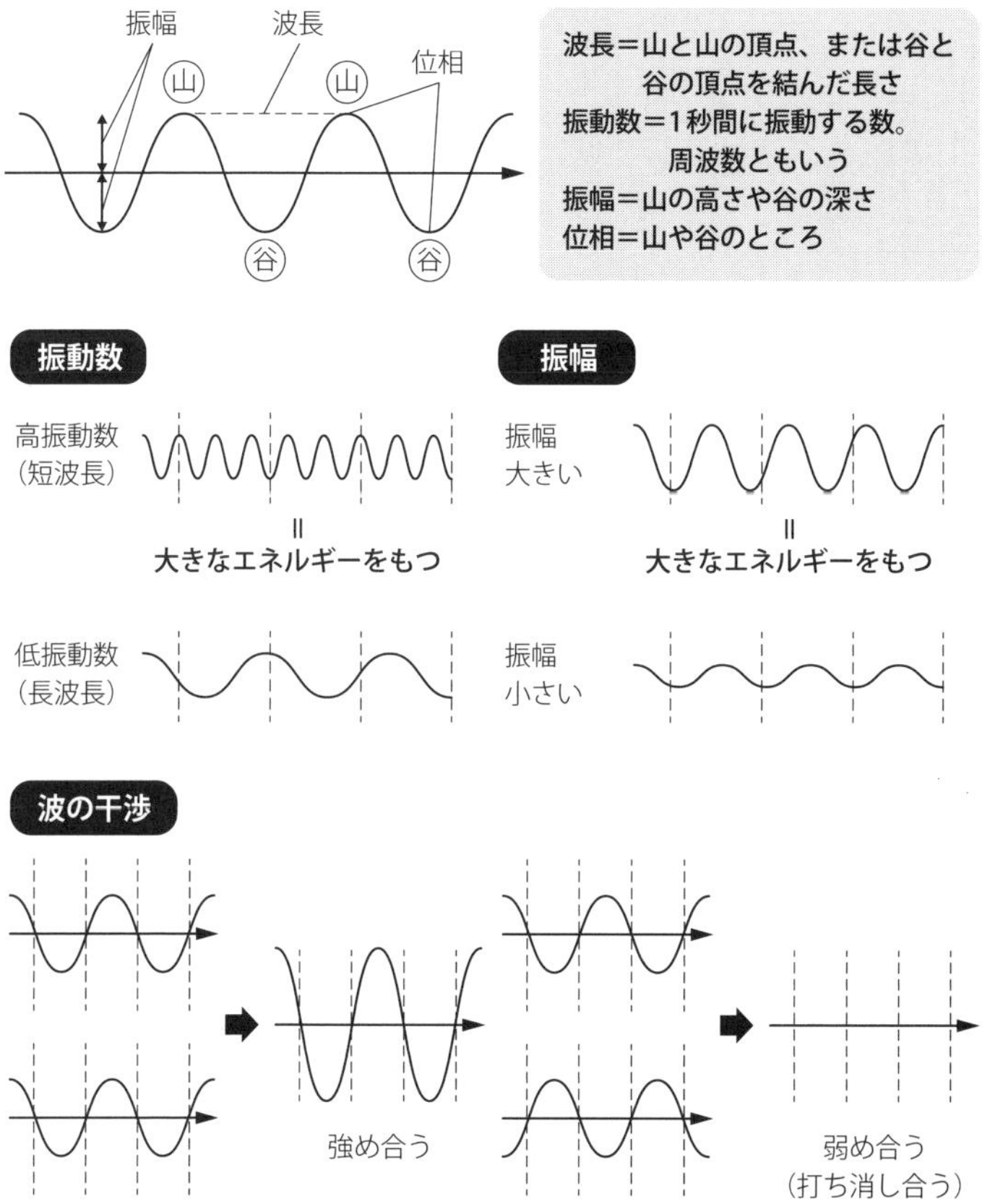

山と山、谷と谷が合わさると「強め合う」干渉
山と谷が合わさると「弱め合う」干渉

・光は電磁波の一種で、その波長は約400〜800ナノメートル
・波長の長い光（低温）は赤く、波長の短い光（高温）は青白く見える

波とは何らかの量（たとえば水の波なら波の高さ、光なら電場《でんば》と磁場《じば》）が周期的に変化する現象です。波長とは周期的に変わる長さ（水の波なら波のいちばん高いところから次にいちばん高くなるところまでの距離、光ならある方向の電場の強さがいちばん強い2点間の距離）のことをいいます（図7）。

光（一般には電磁波）を波長ごとに分けることを分光《ぶんこう》、波長ごとの光の強さをスペクトルといいます。低温ほど波長の長い光を強く放ち、高温ほど波長の短い光を強く放ちます（図8）。したがって溶鉱炉から漏れてくる光のスペクトルを見れば、溶鉱炉の中のおおよその温度がわかるのです。

しかし、より効率的に純度の高い鉄を生成するには、溶鉱炉内の温度を正確に知る必要があります。おおよその温度ではだめなのです。温度を正確に知るには、光のスペクトルの形（波長に対する光の強度のグラフ）を理論的に説明できなければなりません。

図8　スペクトルと電磁波

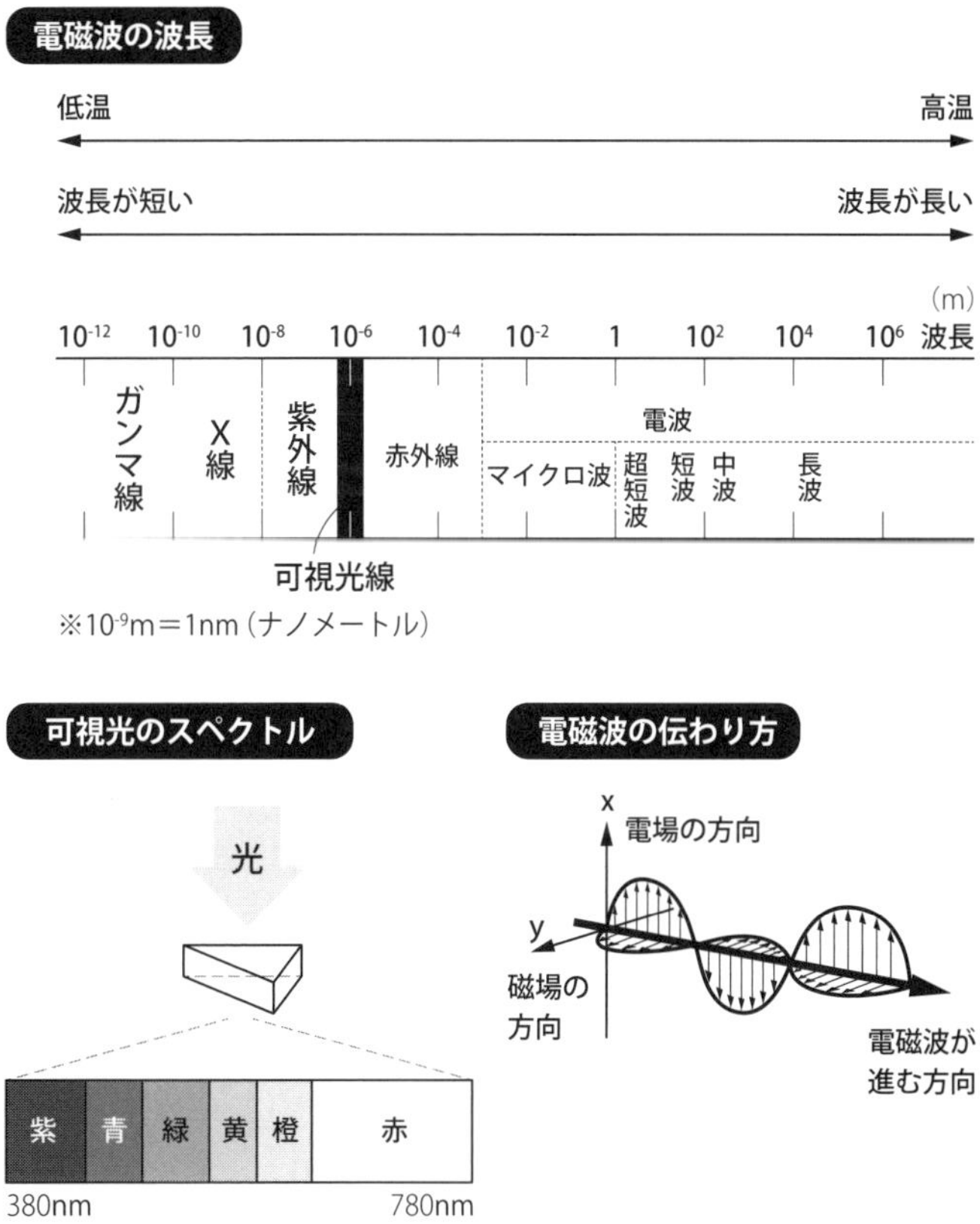

プリズムや分光器で
光を波長ごとに分ける

x 軸は電場の振動方向で、
y 軸は磁場の振動方向。
電磁波（光）とは、電場と
磁場が互いに振動しながら
空間を伝わっていく波

ところがここで、予想外の事態になってしまいました。

19世紀の物理学者の悩み

高温の溶鉱炉の中はさまざまな波長の光が混じっていて、それらは溶鉱炉の壁や鉄鉱石の原子や分子によって常に吸収され、また放出されています。光を吸収すると原子や分子の中の電子は吸収したエネルギーの分だけ激しく振動し、その振動によって同じ振動数の光を放出して、電子はよりエネルギーの低い振動状態に戻ります。

電子も光もさまざまな振動数で振動しています。1つ1つの振動数の振動を、振動モードといいます。要するに無数の振動モードがあるのです。

19世紀の物理学では**すべての振動モードは温度によって決まる同じ値のエネルギーをもつ**ことになっています。これを**エネルギー等分配の法則**といいます。この法則にしたがって計算すると、溶鉱炉の光のスペクトルは波長の長いところでは測定される値とよく合うのですが、波長が短くなると計算が破綻《はたん》して光のエネルギーが際限なく大きくなってしまうのです。その理由は簡単です。

たとえば、ある長さの両端が固定された一本のゴムの振動を考えましょう。ゴムの長さよ

図９　理論と異なる溶鉱炉の光のスペクトル

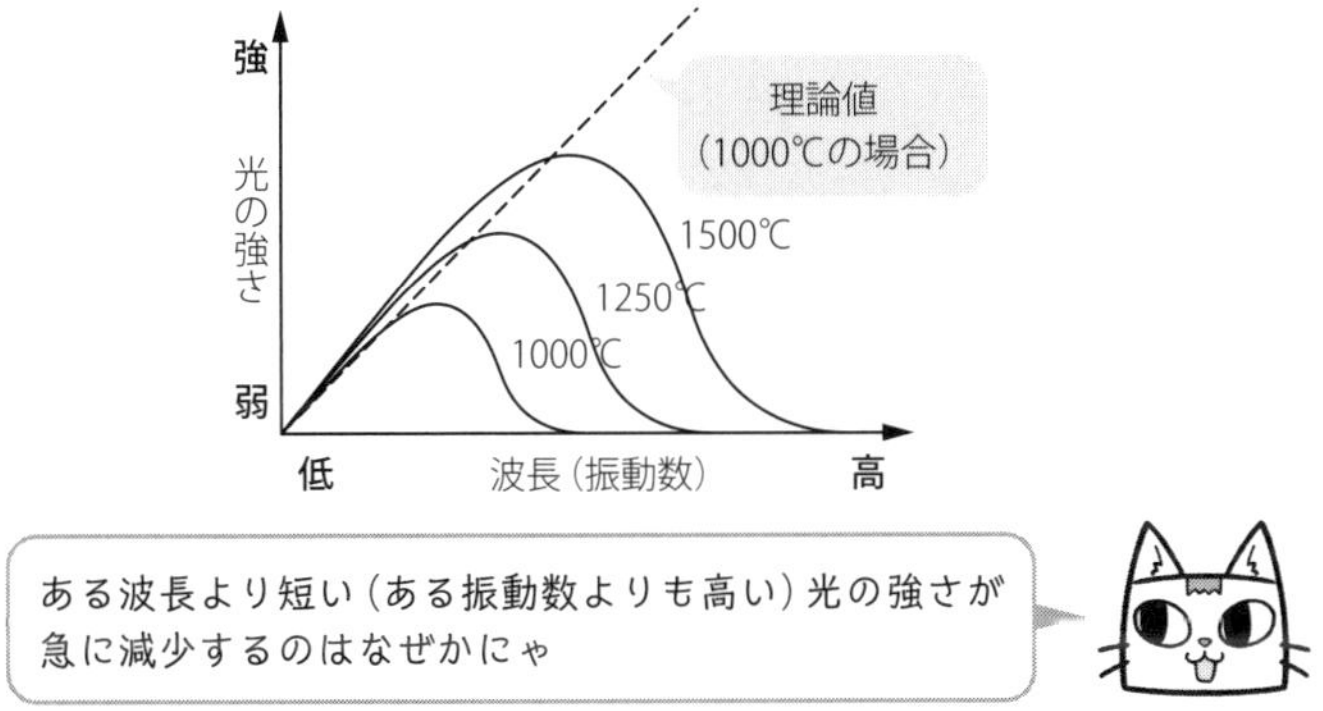

りも長い波長の振動はありませんが、波長が短い振動ならいくらでも考えることができます。同じように光の振動も、短い波長（高い振動数）の振動はいくらでも考えることができます。その無数の短い波長の振動モードにエネルギーが同じように分配されるので、エネルギーが限りなく大きくなるのです。

こうして、理論値は無限に大きくなることを示していました。ところが、実際に測定される溶鉱炉の光のスペクトルでは、ある波長より短い（ある振動数よりも高い）光の強さは急激に減少していたのです（図９）。19世紀の物理学者は、理論と現実の大きなギャップに頭を抱えていました。

量子を予言したプランク――「光のエネルギーはとびとび」

当時、ベルリン大学の教授だったマックス・プランクもそのひとりでした。光のスペクトルの形を理論的に導くことがどうしてもできず、方針を変えて、測定されたスペクトルの形を正確に表す適当な式を探すことにしたのです。

プランクより少し前、やはりドイツの物理学者ヴィルヘルム・ヴィーンが、溶鉱炉からの光が短い波長側で光の強度が急速に減少することを表すために、ほとんどあてずっぽうにある式を提案していました。

プランクはこの式を少しだけ変形することで、短い波長だけでなく長い波長でも測定されたスペクトルとピタリと一致する式を見つけたのです。これが1900年のことで、現在、この式は**プランク分布**と呼ばれています。図9のようなプランク分布をもった光を黒体放射《こくたいほうしゃ》といいます。

もしプランクがここで満足していたら、のちの彼の名声はなかったでしょう。この変形の意味を追求する過程で、プランクはそれまでの常識では受け入れられない「光のエネルギーはとびとびの値でしか変化しない」という大胆《だいたん》な予言をすることになったのです。プランクが「お父さんはとんでもない発見をしたらしい」と息子に語ったことからも、その大胆さが伝わります。どういうことか、説明しましょう。

先にも述べたように無限大の原因は、溶鉱炉の中のすべての振動モードにエネルギーが等分配されるからでした。そもそも理論通りに無限大になっていたら、現実の溶鉱炉は爆発してしまいます。実際には無限大になっていないということは、波長の短い（＝振動数の大きな）振動モードにはエネルギーが分配されていないことを意味します。

そこでプランクは、１９００年、物質が光を吸収したり放出するとき、**「光のエネルギーはその振動数に比例した値の倍数となる」**という仮説を立てました。つまり、光がもつエネルギーはとびとびの値（ある量の2倍、3倍、4倍のような整数倍の値）をとる、ということです。この仮説を**量子仮説**といいます。

簡単な例で説明しましょう。1オクターブの鍵盤しかないピアノを想像してください。どの鍵盤も同じ力でたたけば同じように音が出ます。適当にこのピアノを弾いたら、低い音も高い音も同じように出るでしょう。

しかし、高い音の鍵盤ほど強い力でたたくことが必要だとしたら、どうでしょう。同じように適当にこのピアノを弾いても、高い音はほとんど出ないでしょう。まさにこれが溶鉱炉の中で起こっていることなのです。

溶鉱炉は無数の鍵盤があるピアノと同じようなものです。そのピアノの鍵盤の1つ1つが特定の振動数をもった振動モードです。そして高振動数（短い波長）の振動モードに対応する鍵盤ほど、たたくには大きなエネルギーが必要です。具体的には温度を上げてやるのです。温度を上げるほど高い音の鍵盤をたたくことができますが、ただし、それにも限度がありま す。

こういうわけで高振動数（短い波長）の振動モードが実際に振動することはなくなります。つまり、すべての振動数の振動モードに同じようにエネルギーが分配されることはない、ということです。その結果、溶鉱炉から出てくる光のエネルギーは、温度によって決まるエネルギーに対応する振動数よりも高い振動数部分で減少するのです。

この説明には「とびとび」の言葉が出てきていません。わかりやすく、ちょっと特殊なたとえ話でもう少し補足してみましょう。「とびとび＝かたまり」をイメージしてください（図10）。

図10　光のエネルギーはとびとびの値をとる

❶ 「とびとび」のイメージ

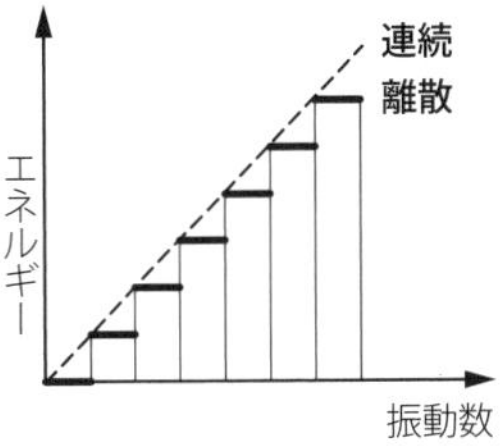

【とびとびの値をとる】

ある量の2倍、3倍、4倍……と整数倍の値で変化する。グラフにすると非連続の階段状になるものが「離散」的、直線状のものが「連続」的

❷ とびとびを「かたまり」でイメージ

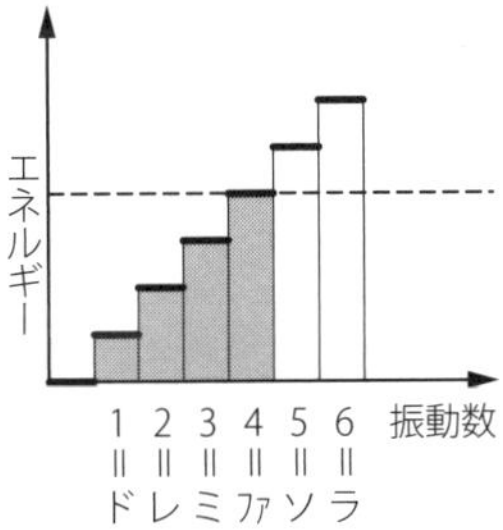

【鍵盤の音を出すために必要なエネルギー】

(ちょっと特殊なたとえ話の説明)
溶鉱炉内に「ド・レ・ミ・ファ・ソ・ラ」の鍵盤があり、それぞれ音を出すために必要なエネルギーの「かたまり」がある。炉内の温度(エネルギー)が図の点線の値なら、ド・レ・ミ・ファの音しか出ない

❸ 量子仮説

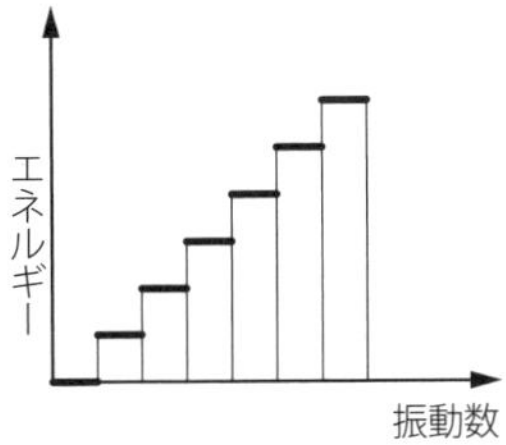

【光のエネルギーはその振動数に比例する】

$$E = h\nu$$

光のエネルギー(エネルギー量子)　**プランク定数**　**振動数**

振動数が高いほど、各振動数でのエネルギーのかたまり(エネルギー量子)は大きくなる

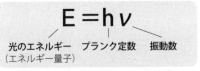

溶鉱炉内にこのピアノの鍵盤ド・レ・ミ・ファ・ソ・ラが存在するとします。ドの音を出すには、ある量のエネルギーの「かたまり」が必要です。ここでいう「かたまり」は、2つや3つに分けることができません。

レの音を出すには、ドの音を出す「かたまり」の2倍のエネルギーをもった別の「かたまり」が必要です。ドの音を出す「かたまり」が2個あっても、レの音は出ないのです。ミは3倍のエネルギーをもった別の「かたまり」が必要で、ドの音を出す「かたまり」が3個ではミの音は出ません。

同じようにファは4倍のエネルギーの別の「かたまり」、ソは5倍のエネルギーの別の「かたまり」、ラは6倍のエネルギーの別の「かたまり」が必要です（ここで考えているのは、特殊なピアノです。普通のピアノは、レの音はドの2倍の振動数ではありません）。

溶鉱炉内の温度（エネルギー）が、図10②の点線の値のとき、ドからファまでの音は出ますが、ソ・ラの音を出すにはエネルギー不足なので、音は出ませんね。**各鍵盤をたたくには、それぞれに応じたエネルギー以上をもった「かたまり」が必要なので、それ以下のエネルギーの「かたまり」では音は出ない**のです。

でも、昔の理論では、そのような「かたまり」を考えていなかったので、ド・レ・ミ・

ファ・ソ・ラすべてに等しくエネルギーが分配され、すべてが同じように音が出る、と考えられていました。実際にはそうならないことは、先の説明の通りです。エネルギーがかたまりでないと、ソ・ラの音が出ない理由は説明できません。

つまり、**「光のエネルギーがとびとびの値（=かたまり）をとる」から、図9（プランク分布）のように、光のエネルギーは高い振動数部分で減少する**、というわけです。ちょっと強引なたとえでしたが、「とびとび」のイメージがなんとなく伝わったでしょうか。

この「かたまり」をエネルギー量子といいます。これがこの後、アインシュタインによって光量子《こうりょうし》という考えに発展していきます。

19世紀の物理学では光のエネルギーは、その振動数に関係なくどんな値もとりうると考えられていたので、**光のエネルギーがとびとびの値になっているというのは、革命的でした。**とびとびの値とは、ある量の2倍、3倍、4倍のような整数倍の値をとると書きましたが、離散《りさん》的ともいいます。これに対して、どんな値もとることを連続的といいます。「連続から離散へ」というのがプランクの発想の転換でした。したがって量子仮説を標語的にいえば、「連続から離散へ」となります。

世界を作っている3つの数字
——プランク定数、光の速度、ニュートンの重力定数

光の振動数が2倍になれば、そのエネルギーが2倍に、振動数が3倍になればエネルギーが3倍になることを、**「光のエネルギーはその振動数に比例する」**といいます。比例関係にある2つの量を結びつける定数を比例定数といいますが、この場合の比例定数はプランク定数と呼ばれ、物理学の基本的な定数のひとつとなっています。式で書くとこうです。

$$E = h\nu$$

Eは光のエネルギー、hはプランク定数、ν《ニュー》が振動数です。

物理学の基本定数、あるいは物理定数とは、値が変化せず別の量からは導けない量のことです。プランク定数以外の基本定数は、光の速度と、重力の強さを決めるニュートンの重力定数です。

この3つの基本定数の値が少しでも違っていると、この世界はまったく別の様相になっていたでしょう。

「光は波」のマクスウェル理論からの転換

17世紀末頃、古典力学を確立したニュートンは光が直進することから光は小さな粒の集まり（光の粒子説）と考えていましたが、1805年頃、イギリスのトーマス・ヤングは光が**干渉《かんしょう》（波の山と山が重なって強くなることや、山と谷が重なって消えてしまうこと）**を起こす実験をおこなって、光が波であることを示しました。

そして1860年代にマクスウェルの電磁気学が完成したことで、**光は電気と磁気の振動が波として空間を伝わる連続的な現象**であることが明らかになりました。

水の波を想像してもわかるように、波は何らかの連続的な振動なので、マクスウェル理論では光のエネルギーは連続的です。どんな値でも可能ということです。光のエネルギーが離散的であるというプランクの量子仮説とはまったく相容《あいい》れません。量子仮説を理解するには、明らかに何か新しい理論が必要でした。

ただし、当初プランクは、光が粒子であるとまでは踏み込んでいなかったようです。光のエネルギーが離散的なのは、光の本性《ほんしょう》ではなく、溶鉱炉の中で光が壁に吸収されたり放出されたりするときに、何らかのメカニズムで離散的になると考えていたようです。

「光は粒子」と明らかにしたアインシュタインの光量子仮説

プランク自身が光のエネルギーは連続的であると当初考えていたこともあり、また波としての光の性質は疑いようもなかったので、光が粒子であるという考えはすぐには受け入れられませんでした。しかしその雰囲気は徐々に変わっていきます。

そのきっかけは１９０５年のアインシュタインの研究でした。

１８３０年代にはすでに金属に光を当てると電流が流れることが発見されていました。これを光電《こうでん》効果といいます。また、１８９７年には電子が発見され、「電流とは電子の流れ」であることが明らかになりました。

ドイツの物理学者フィリップ・レーナルトは光電効果をくわしく調べ、次のようなことを発見します（図11）。

図11　光電効果と光量子

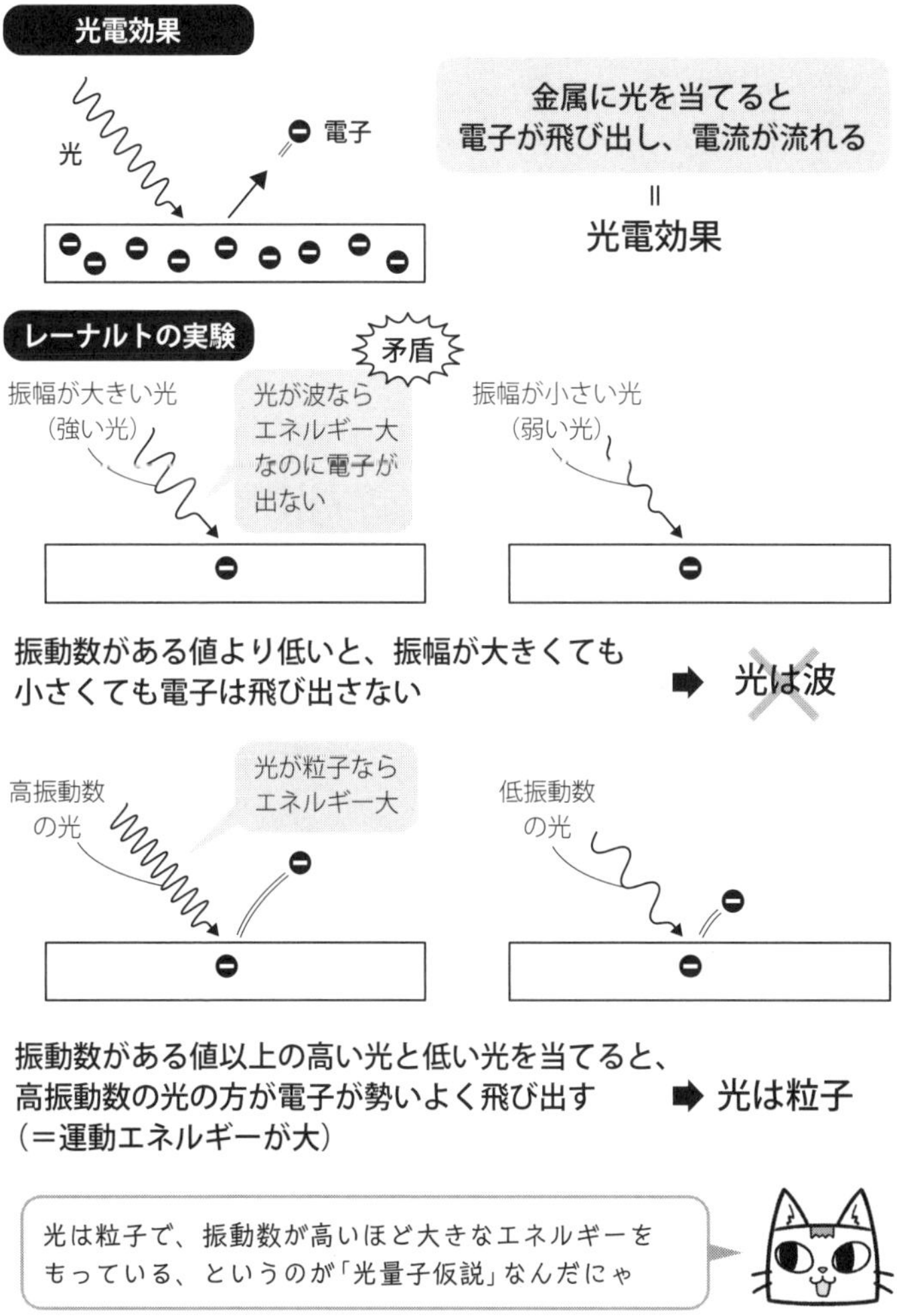

①いくら強い光を当てても、振動数がある一定の値よりも小さければ、金属から電子は出てこない。
②振動数の大きな光を当てると、飛び出してくる電子の運動エネルギーは大きくなるが、飛び出してくる電子の数は変わらない。

この研究によってレーナルトは1905年のノーベル物理学賞を受賞しています。

電子が金属から飛び出すには、ある最低のエネルギーが必要です。「光が波」なら振動数とは関係なく、波の振幅（振れ幅）が大きくなれば光のエネルギーは大きくなるので、どんな低振動数の光でも電子が飛び出してくるはずです。これはレーナルトの実験結果①と矛盾します。

アインシュタインは、**光は粒子であり、その振動数が高いほど大きなエネルギーをもっている**としました。これは、プランクの量子仮説「光のエネルギーはその振動数に比例する」にも合致します。また、振動数の低い、したがってエネルギーの低い光子を何度当てても電子は金属から飛び出すエネルギーをもてるはずがなく、レーナルトの実験結果が自然に説明できるのです。

この光の粒を光量子、あるいは簡単に光子と呼びます。この研究によって、アインシュタインは1921年のノーベル物理学賞を受賞します。

余談ですが、レーナルトはナチスの熱烈な党員で、ヒトラーの科学顧問でした。1930年以後、第二次世界大戦が終わるまで特にアインシュタインに代表されるユダヤ人物理学者の研究を、人を惑《まど》わす「ユダヤ物理学」と中傷誹謗《ちゅうしょうひぼう》したことでも知られています。

「光は波であり粒子でもある」が実証

さらに1923年にはアメリカの物理学者アーサー・コンプトンが、X線を電子に衝突させると、進路が曲げられ、その波長が長くなる現象を発見しました（**コンプトン効果**）。

従来の考えではX線は電気と磁気の波（電磁波）で、それが電子とぶつかると同じ振動数で電子を振動させます。すると振動する電子からは同じ振動数の電磁波が放射されることになります。したがって散乱されて出てくるX線の波長は変わらないはずです。

X線が粒子なら粒子が電子とぶつかって、電子にエネルギーを与え、ぶつかった後の粒子はその分エネルギーが減ることになります。それはX線の波長が長くなるということです。

図12　光は波であり粒子

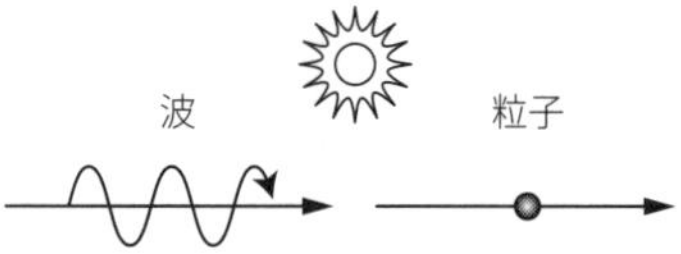

光は波であると同時に粒子

したがって、コンプトンの実験は光が粒子でなければ説明できないのです。

ここに至って光は粒子であることは疑いようがなくなりました。ですが、それでも**光が粒子でもあり波でもある**という事実は、そう簡単には受け入れられませんでした。それも当然です。そもそも粒子と波はお互いに相容れない存在です。**粒子は空間の一点に存在しますが、波は広がっている**からです（図12）。

そんな雰囲気の中で登場したのが、フランスの物理学者ド・ブロイです。

「電子も粒子であり波である」
——ド・ブロイ仮説

ド・ブロイは大胆にも明らかに粒子であると誰もが思っていた**電子が、波として振る舞う（波動性）**ことを予想したのです

（**ド・ブロイ仮説**）。１９２３年のことです。当時、電子の波動性を示す証拠はどこにもありませんでしたが、**ド・ブロイは光子で発見された粒子性と波動性が、光子に限らずミクロのあらゆる存在に普遍的なものであると考えた**のです。一般に粒子と考えられていた電子のような量子を波としてとらえるときは、**物質波**と呼びます。

この予想とは別に、アメリカの物理学者クリントン・デイヴィソンは１９２１年頃から、ニッケルの結晶《けっしょう》の表面を調べるために電子を当てる実験をしていました。そして１９２３年には、ある角度で当てたときに跳《は》ね返りやすいという兆候《ちょうこう》を得ていました。

ニッケルの結晶はニッケル原子が規則正しく並んでいます。原子が規則正しく並んで作る構造を格子《こうし》といいます。たとえば正方形の辺と辺の交わる位置と面の中心に原子があって、そういう正方形が規則正しく並んで結晶全体を作っているのです（図13）。

図13　ニッケル結晶

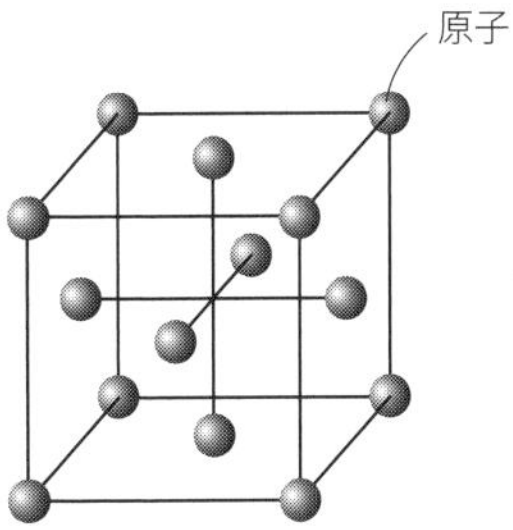

ニッケルの結晶に電子をぶつけると、結晶の中のニッケ

ル原子に当たってある方向に跳ね返されます。ある角度でぶつけたとき電子がよく跳ね返され、違う角度でぶつけると跳ね返った電子が見えないということは、**結晶の中の多くのニッケル原子で跳ね返された電子同士が強め合っている**ことを意味します。

このことは、①電子はある波長をもった波である、②別々のニッケル原子から跳ね返された波の山と山、谷と谷が重なったとき振幅が大きくなり、その結果、多数の電子が観測される、③波の山と谷が重なったときには波が消えて電子は観測されない、とすればうまく説明できるのです（図7の波の干渉を参照）。

そのことの完全な実験は1927年におこなわれ、**電子が波動性をもつ**ことが誰の目にも明らかになったのです。

電子が原子核のまわりにいられる理由
――ボーアの原子模型と量子条件

ド・ブロイの予想より前に、ニュージーランド生まれのイギリスの物理学者ラザフォードによって原子の構造が明らかになっていました。それは、中心に原子の大きさの10万分の1程度と非常に小さく、しかもその質量の大半を占めている正の電荷《でんか》をもった原子核があり、そのまわりを負の電荷をもった電子が回っているというものです（図14）。

しかし、このモデルには明らかな難点がありました。電子のような電荷をもった粒子は、加速度を受けると電磁波を放射してエネルギーを失っていくことが知られていました。原子核のまわりを電子が回っていたら、電子はエネルギーを失ってあっという間に原子核に落ち込むはずなのです。

これに対して１９１３年、デンマークの物理学者ニールス・ボーアは、原子の中の電子はプランクが見つけた定数（プランク定数）で決まるいくつかの特定のエネルギーに対応する同心円状の軌道だけしかとることができず、いちばんエネルギーの低い軌道は安定しており、決して原子核に落ち込まないと仮定しました。この仮定によって、それまでに観測されていた原子が吸収、放射する光の波長がうまく説明できることを示したのです。

電子が特定の値のエネルギー（エネルギー準位《じゅんい》という）だけをとるという条件を、量子条件といいます。

ボーアはなぜ量子条件が成り立つのかはひとまず不問にして、量子条件が満たされれば**電子はエネルギーの高い軌道から低い軌道まで同心円状にいくつかの特定のエネルギー状態をとる**ことができると考えて、それらを定常状態、その中でいちばん原子核に近く、エネル

図14　ラザフォードとボーアの原子模型

ラザフォードの原子模型

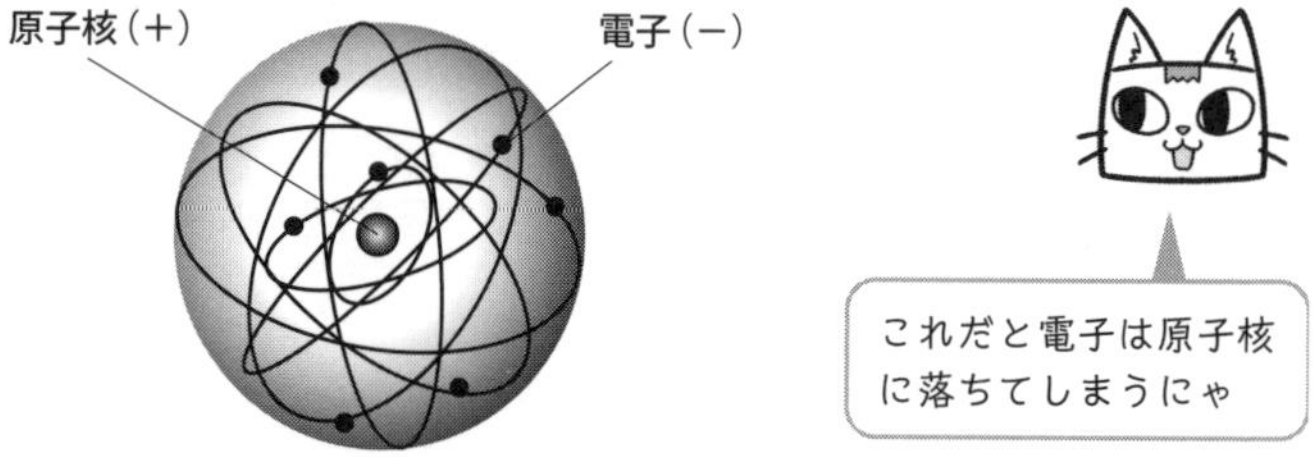

原子核のまわりを電子が回っている

ボーアの原子模型

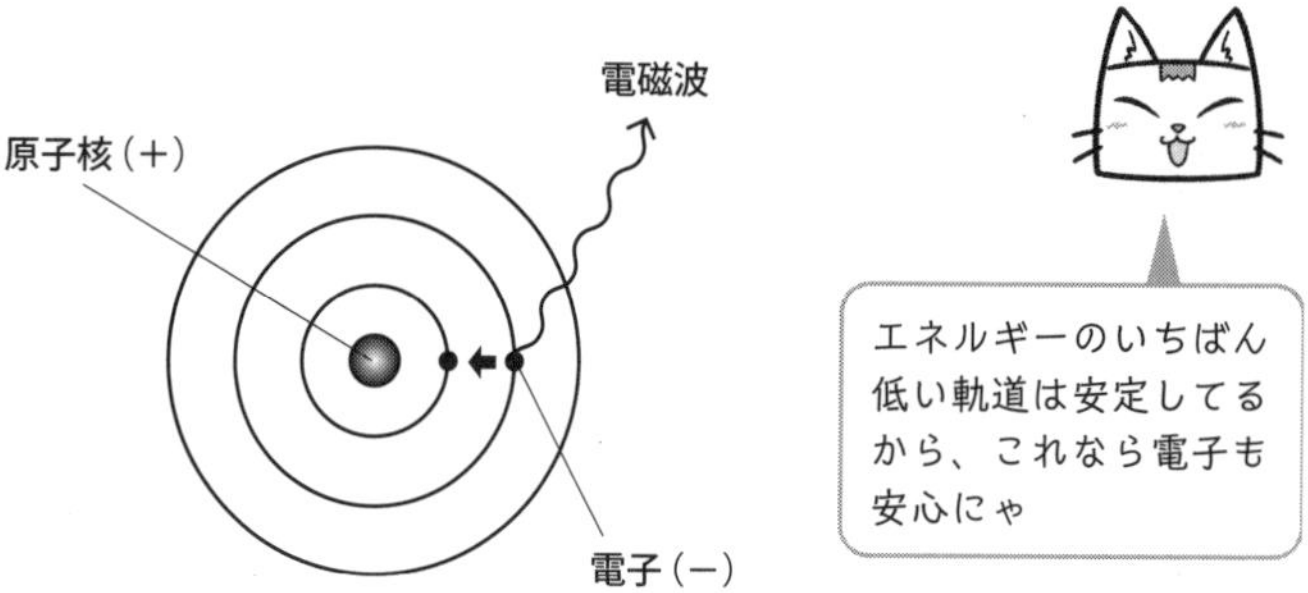

原子核のまわりを、ある間隔をあけた同心円状の軌道上で
電子が回っている。
エネルギー準位は内側が低く、外側が高い。
エネルギーの高い軌道から１つ内側の低い軌道へ移るとき、
電子は電磁波を放出する

ギーが低い状態を基底状態と呼びました。また電子のエネルギーは、原子核から遠い軌道ほど高い値になるとしました。

そして、原子の中で電子が電磁波を放射することができるのは、電子がエネルギーの高い定常状態からエネルギーの低い定常状態へ（つまり、エネルギーの高い軌道上から低い軌道上へ）移行するときだけと考えたのです。

波として一周する電子をイメージすると……

このボーアの考えは、電子が波であることを認めると直感的に理解することができます。電子が波とすると、中心（原子核）のまわりを1周する間に少し遠くなったりしながら回っていることになります。すると中心からいちばん遠くなる位置から、1周して戻ってきたときやはりいちばん遠くなっていなければ、その軌道はうまくつながりません（図15）。

これは電子の波長（いちばん遠くなる位置から次に遠くなる位置までの距離）の整数倍が、軌道の円周（2πr＝軌道半径×2×円周率）の長さに等しくなる（2πr＝nλ）場合に限られます。波長が決まればエネルギーが決まるので、このことは原子の中で電子のエネルギーを決める条件（量子条件）になるのです。

図15　電子の軌道は波動の整数倍

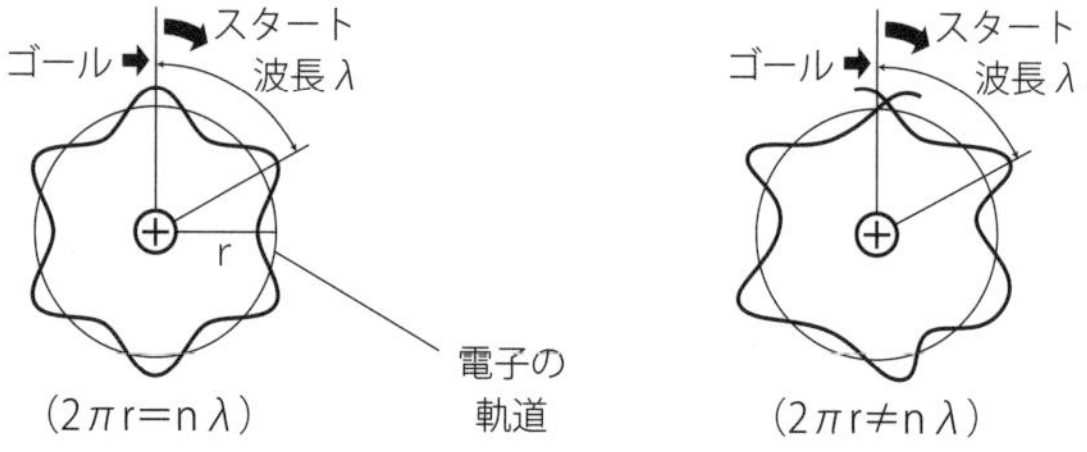

軌道の1周（円周）の長さが波長の整数倍
॥
スタートとゴールが合う
（波の山と山がぴったり重なる）
॥
電子が存在できる（定常状態）

軌道の1周（円周）の長さが波長の整数倍ではない
॥
スタートとゴールが合わない
（波の山と山が重ならないと干渉で波自体が消える）
॥
電子が存在できない

原子内の電子のエネルギーも連続的ではなく離散的になっていることは、電子を波としてとらえると自然に説明できます。**1周の長さが電子の波長の2倍、3倍のような整数倍になっているとき電子は定常状態にある**といい、そのときに限って電子は電磁波を放射することなく、原子核のまわりに存在できるのです。

2つの方程式、どちらが正しい？
——ハイゼンベルクとシュレーディンガー

こうして光子や電子などミクロの存在は、波と粒子というお互いに相容れない性質をもった存在であることが明らかになりました。

ただし波と粒子の関係や、波の正体についてはまったくわかっていないという状態は続いていました。

この状態は、1927年頃まで続きます。その間、ボーアの量子条件を発展させたドイツの物理学者ヴェルナー・ハイゼンベルクが1925年に、ド・ブロイの物質波の考えを推し進めたオーストリアの物理学者エルヴィン・シュレーディンガーが1926年に、それぞれ**量子のしたがう基礎方程式**にたどり着きます。基礎方程式とは、**量子がある時刻から未来に向けてどのように振る舞うかを数学的に記述する**方程式です。

両者の方程式は一見まったく違う形をしていたため、一時的な混乱を引き起こします。それはハイゼンベルク（に加えてマックス・ボルン、パスクアル・ヨルダンが展開した）のものが量子の粒子としての運動を表した式であるのに対して、シュレーディンガーの方は量子の波の状態を表した式であったためです（ただし、この波は水面の高さのような実数の値の変化を表すのではなく、複素数の値の変化を表しています。簡略化するため以下では実数の波として説明します）。

ハイゼンベルクの方程式＝量子の粒子の運動を表した式
シュレーディンガーの方程式＝量子の波の状態を表した式

さらにハイゼンベルクらの式は当時まだなじみがなかった行列（マトリックス）という数学的道具を使って表されていたのに対して、シュレーディンガーの式はすでに物理学者がよく知っていた熱の移動を表す式と同じような形をしていました。

どちらの式を使っても、たとえば水素原子の中の電子のエネルギーは正しく計算できますが、シュレーディンガーの式の方が当時の物理学者にははるかに簡単でした。

さらにシュレーディンガーが、２つの方程式が単に見方の違いで同等であることを示したことで、量子に対する基礎方程式はシュレーディンガー方程式と呼ばれることが多くなりました。

シュレーディンガー方程式にしたがう量子の波の状態を**波動関数**と呼びます。

観測した瞬間に量子の「波」が収縮？——シュレーディンガーの考え

さて、問題は量子の正体です。粒子というのはイメージしやすいのですが、波といった場合、何の波なのでしょう。

たとえば海の波は海面の上下運動が伝わり、音の波は空気の密度の濃淡が伝わる現象です。

このように**波というのは何らかの媒質《ばいしつ》の振動が伝わること**ですが、量子の波は何が振動しているのでしょう。

シュレーディンガー方程式は最初、原子内の電子の運動を記述する方程式として提案されたため、シュレーディンガー自身は、波動関数は電子自体の広がりと何らかの関係があると考えたようです。

しかし波動関数が直接電子そのものを表しているという素朴な考えは、電子を観測したときのことを考えれば受け入れることはできません。

たとえば、ある箱の中の電子を考えましょう。箱はいくら大きくてもかまいません。箱の中を観測すると、電子は必ず1個の粒子としてこの中のどこかに見つかります。電子が割れたりした破片は決して観測されることはありません。

したがって、電子が何か実体をもった流体のように広がっているとすれば、観測した瞬間にその広がりが一点に縮んだことになります。これを「**波動関数の収縮**」といいます。しかし、広がった物質が瞬時に一点に縮まることは、その運動が無限に速いことを意味し、光速度を超えないという相対性理論に反します。

電子がそこで見つかる確率が波動関数──ボルンの考え

そこでドイツの理論物理学者マックス・ボルンは、波動関数は物理的な実体を表すのではなく、**電子がどこにいるかの確率を表す**と考えました。くわしくいうと箱の中の場所ごとに波動関数の値が決まり、**波動関数の絶対値の2乗が、その場所に電子がいる確率**を与えるとしたのです。この確率は時間とともに変わっていきますが、どのように変わるかを決めているのがシュレーディンガー方程式です。

この例では、電子は箱のある特定の場所にいるというのが電子のひとつの状態です。別の場所にいると、別のひとつの状態です。つまり、箱の中の電子の状態は無数に存在します。**観測する前の電子の状態は、このすべての状態の重ね合わせになっている**のです（図16）。

第1章でも述べたように重ね合わせの意味は、1個の電子が別々の場所に分かれて存在するということではありません。**電子をその場所に見出す確率で存在する**のです。これを**波動関数の確率解釈**といいます。

波動関数はこの重ね合わせ方を表していて、シュレーディンガー方程式は、この**重ね合わ**

図16　コペンハーゲン解釈（確率解釈）

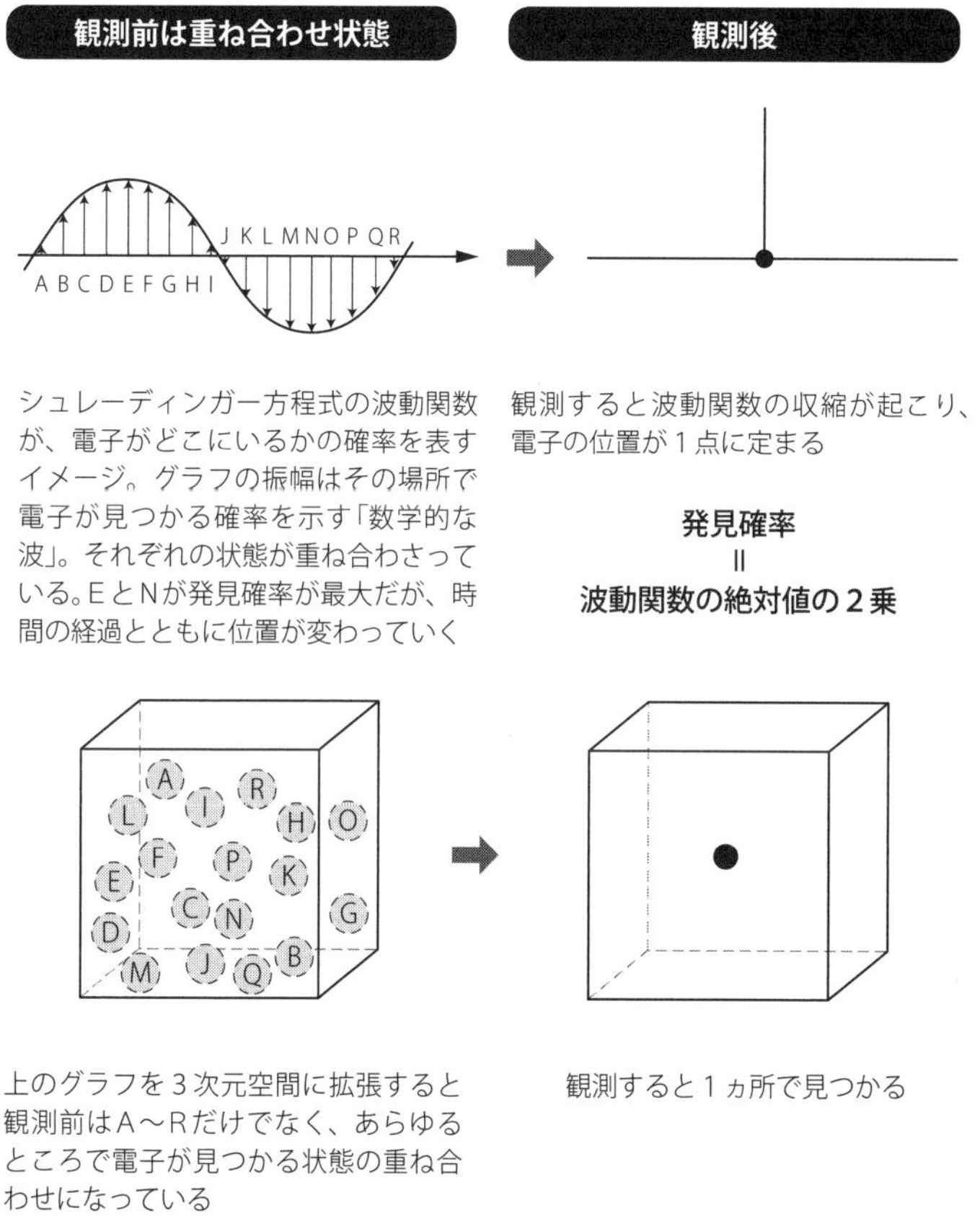
観測前は重ね合わせ状態
観測後
A B C D E F G H I
J K L M N O P Q R
シュレーディンガー方程式の波動関数が、電子がどこにいるかの確率を表すイメージ。グラフの振幅はその場所で電子が見つかる確率を示す「数学的な波」。それぞれの状態が重ね合わさっている。EとNが発見確率が最大だが、時間の経過とともに位置が変わっていく
観測すると波動関数の収縮が起こり、電子の位置が１点に定まる
発見確率
＝
波動関数の絶対値の２乗
A
R
L
I
H
O
F
P
E
K
C
N
G
D
M
J
Q
B
上のグラフを３次元空間に拡張すると観測前はA～Rだけでなく、あらゆるところで電子が見つかる状態の重ね合わせになっている
観測すると１ヵ所で見つかる

物理的な実体ではない波動関数の波なら、瞬時に収縮してもノープロブレムにゃ！

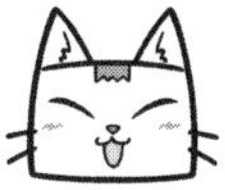

せが時間とともにどう変化していくかを決めています。一般的には、いちばん確率の高い状態（いちばん電子が見つかる確率が高い場所）は、シュレーディンガー方程式にしたがって変わっていきます。

第1章で考えた量子オセロの場合、状態は白と黒の2つしかないので、このとき、量子オセロの波動関数は白の状態と黒の状態の重ね合わせ方（白が80％、黒が20％など）を表しています。**量子オセロを支配するシュレーディンガー方程式は、白と黒の確率がどう変化するかを決めている**ことになります。

実体ではない波動関数が瞬間収縮しても問題なし

このような波動関数の解釈を、**コペンハーゲン解釈**と呼んでいます。それはコペンハーゲンにある研究所でボーアを中心にしてハイゼンベルクなどさまざまな物理学者が議論の末にたどり着いた解釈だからです。

この解釈ではミクロの世界（この例では電子）に対して、それを観測する装置なり観測者の存在を想定して観測すると、それまで広がっていた波動関数が瞬時に電子が観測される一点に収縮すると考えます。**波動関数は物理的な実体を表していないので、瞬時に縮まっても**

相対性理論とは矛盾しないのです。

シュレーディンガーは、最初の素朴な実在としての波動関数をあきらめて、波動関数とは、そのおのおのに確率が与えられた（観測すればその確率で現れる）いくつかの状態の集合であるとしぶしぶ認めざるをえませんでした。

理屈がわからずとも結果が出るコペンハーゲン解釈

コペンハーゲン解釈には、「ミクロの世界とマクロの世界の境目はどこなのか」「波動関数が収縮するのは測定装置が量子に光を当てたときなのか、観測者が状態を認識したときなのか」など、さまざまな問題が指摘されています。

ただ、それらに関する答えが何であれ、**シュレーディンガー方程式を解いて波動関数を求めて、その絶対値の2乗を計算すれば、実際に測定される結果が得られます。**なぜを問わず、そういうものなのだと受け入れれば、とりあえず結果がわかり、さまざまな研究ができます。

ある物理学者は、コペンハーゲン解釈を一言でいえば、「黙《だま》ってシュレーディンガー方程式を解け！」ということだといっています。実際に大学で量子力学を学ぶときも、基本は「黙って計算しろ」なのです。

第3章

量子力学のミステリー

ミクロの世界の存在は、私たちが当然と思っている素朴な実在ではなく、波動関数で表される確率的なものでした。物体は観測するしないにかかわらず存在することが物理学の大前提と信じられていた当時、ほとんどの物理学者はこの考えを受け入れることができませんでした。

量子力学の扉を開いたシュレーディンガーやアインシュタインも、量子力学のコペンハーゲン解釈には拒否反応を示しました。しかし第1章で述べたアインシュタイン・ポドルスキー・ローゼンのEPRパラドックスのように、量子力学に対する彼らの反論はただの反論にとどまらずミクロの世界の理解をより深めるという重要な意味をもっています。

この章では、量子力学についてのアインシュタインとボーアの論争、シュレーディンガーが考えた仮想実験について説明し、量子力学の不思議さをより浮かび上がらせることにしましょう。

よくわかる二重スリット実験

光が波であることの古典的かつ決定的な実験は、19世紀の初めにイギリスの物理学者トーマス・ヤングがおこなった光が2つのスリットを通り抜ける実験（**光の二重スリット実験**）

が有名です。ニュートンは光の粒子説を唱えていたこともあって、当時、光の粒子説も有力でした。

もともと医学を学んだヤングは医者の立場から視覚の研究をおこない、さらに光学へと研究を広げていきました。光の波動説を信じていたヤングは、次のような実験を考えて光が波であることを明確に示したのです。

単一波長（ある特定の波長をもった光）の光源とスクリーンを2枚用意し、1枚目のスクリーンに平行に2つの細長いスリットを開けて、光がそこだけを通るようにします。そして光がその先のスクリーンに到達した位置に印をつけます。ただし光源と2つのスリットまでの距離は正確に同じとします（図17）。

光が粒子だったら、光源とスリットを結ぶ線の延長線に沿って光は進むので、2枚目のスクリーンには、延長線がスクリーンと交わる2本の縦線の印がつくでしょう。

しかし実際に実験してみると、2枚目のスクリーンには2本だけでなく何本かの縞模様が現れます。これは2つのスリットから出た光が2枚目のスクリーンに届いたときに、強め合ったり打ち消し合ったりしてできる干渉《かんしょう》縞《じま》と呼ばれる模様です。この模様がどうしてできるかを見てみましょう。

光の強め合い、弱め合いを示す干渉縞

1つの波長をもった波は、振幅が大きくなったり小さくなったりを規則正しくくり返しながら進みます。振幅の最大（山）のところや最小のところ（谷）を波の位相といいますが（図7参照）、光源と2つのスリットまでの距離は同じなので、光源から出た光は2つのスリットに同じ位相、たとえば2つとも山のところで届きます。

2つのスリットを通った光はそれぞれのスリットから広がって、2枚目のスクリーンに向かって進みます。それぞれのスリットから出た光は2枚目のスクリーンのいろいろな位置に届きますが、ここで2つのスリットから出た光のうち、2枚目のスクリーンの同じ位置で出会うものを考えます。

もし出会ったときに2つの光が山と山だったとすると、それらは足し合わさってより高い山（強い光）になるでしょう。もし一方が山で他方が谷なら、それらは打ち消し合って2枚目のスクリーンには光が届かないことになります。**光が強め合ったり弱め合ったりすることを干渉といいますが、この干渉によって干渉縞ができる**のです。

干渉縞がどこに現れるかは簡単にわかります。1つのスリットから出た光ともう1つのス

図17　二重スリットの実験と干渉

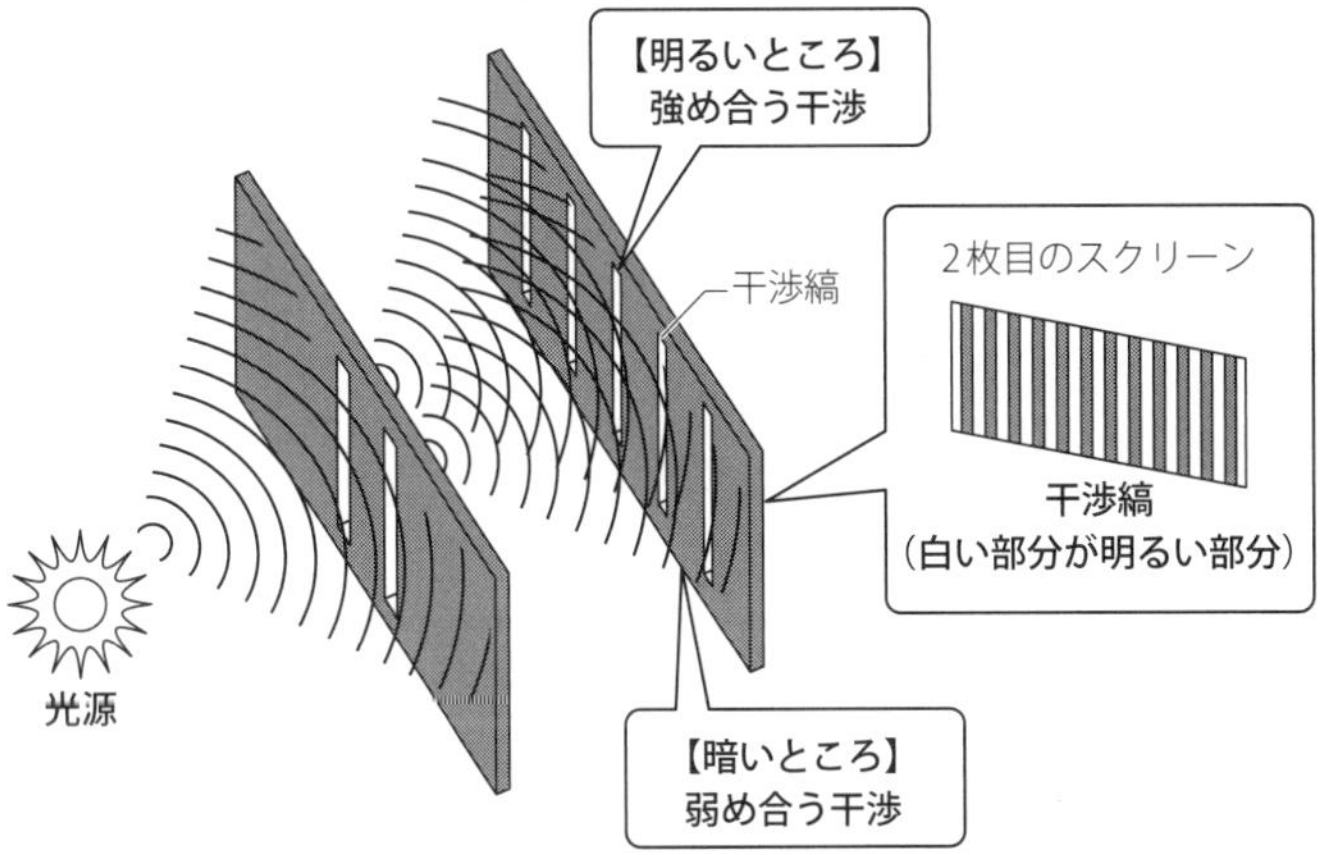

光は波と示したヤングの有名な実験

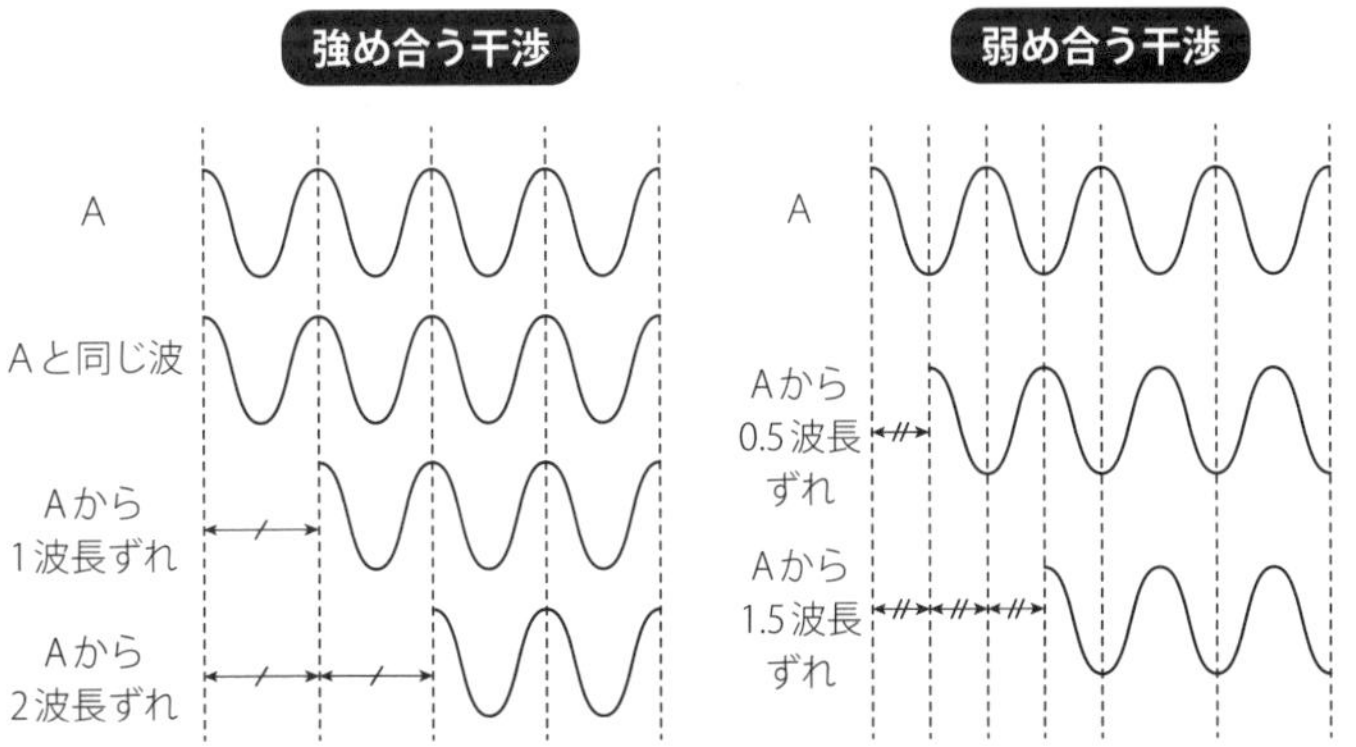

山と山、谷と谷が合わさる（波長の整数倍の距離の差）なら強め合う

山と谷が合わさる（波長の半整数倍の距離の差）なら弱め合う

リットから出た光の進む距離を考えればよいのです。もしそれが正確に同じだったら、出会ったときには2つの光はそれぞれ山と山、谷と谷となっている（位相が揃う）でしょう。このとき光は強め合います。

強め合う位置はこれだけではありません。2つの光の距離の差がちょうど1波長分ずれていても山と山が出会います。差が波長の2倍でも同様です。こうして**2つの光の進んだ距離の差が、光の波長の整数倍だったら光は強め合う**ことがわかります。

一方、その差が波長の半分なら、1つの光が山のとき他方の光は谷になり、重なると打ち消し合って光が消えてしまいます。差が波長の1・5倍でも2・5倍でも同じことが起こります。1・5とか2・5のような数値を半整数と呼びます。したがって**2つの光の進んだ距離の差が半整数倍だと光は消える**ことになります。

これが干渉縞の現れる理由です。**干渉縞は波に特有の現象である**こともわかるでしょう。

1個ずつの電子でも干渉縞が出る

ヤングの実験は光＝光子についてのものでした。電子に対する同様の実験は1961年になって初めておこなわれ、同じように干渉縞が確認されました。

1974年に電子、つまり量子が確率的存在であることの決定的な実験がおこなわれました。それは同じ二重スリット実験ですが、多くの電子をいっせいに打ち出すのではなく、一度に1個だけ電子を撃ち出すのです。

打ち出す時間間隔は、1個の電子が2枚目のスクリーンに到着する時間間隔よりも長くします。したがって別々の電子がお互いに影響を与え合うことはありえません。その結果、量子力学の予想通りに干渉縞が現れたのです。

この実験は、**「多数回実験をくり返す」と、2枚目のスクリーンに「1個ずつ到達した多数の電子の位置が干渉縞のように分布した」**ことを示しています。1回だけの実験では、スクリーンの1点に印がつくだけです。また、数十回程度の実験でも、スクリーン上に現れる電子の到達点の分布はほとんどバラバラで、干渉縞は見えません。しかし、回数を増やしていくと、到達点の分布は干渉縞を描いていったのです。

量子力学の確率とは、このように莫大《ばくだい》な回数をくり返して実験すると、波動関数で決まる確率で現象が現れるということです。従来の物理学の考え、すなわち観測していないときにも電子は粒子として存在するという立場では、この実験の結果を説明することはできません。なぜなら1個1個の電子同士はまったく何の関係もないからです。関係がないものを集めても、スクリーンには意味のある模様は現れないでしょう。

先に述べた「電子の到達点の分布」とは「そこで電子が見つかる確率の分布」ととらえることができます。


1個の電子の波動関数が2つのスリットで2つに分かれ、それらはお互いに干渉して2枚目のスクリーン上に**確率の分布としての干渉縞を作ります。**電子はその干渉縞のどこかに現れます。ただし、どこに現れるかは予測できません。

しかし同じことを何回も何回もおこなうと、電子の到達点は干渉縞を描くように分布してくるのです。これは**波動関数が電子の存在確率を表している**という直接的な証拠です。

アインシュタインとボーアの論争——干渉縞と観測は両立するか？

有名なアインシュタインとボーアの論争では、このヤングの実験の電子版がとり上げられました。ボーアは第2章で見たように、プランク定数をもとにボーアの原子模型を確立した物理学者です。論争当時はまだ電子の二重スリット実験がおこなわれる前のことでしたが、ド・ブロイの物質波（ミクロの世界ではあらゆる物質は波動性をもつこと）を認めるなら当然、干渉縞が現れると思われていたのです。

電子の二重スリット実験の要点は、1枚目のスクリーンの**2つのスリットの直後にそれぞれ電子の検出装置を置いて電子がどちらのスリットを通ったことを確かめると、干渉縞が現れないということ**です。量子力学の説明は、観測するまではそれぞれのスリットを通った状態の重ね合わせだったのが、どちらのスリットを通ったかを観測したとたんに波動関数が収縮して粒子となって片方の経路が選ばれた、というものです。これを、**粒子の位置と運動量の両方の不確かさを同時になくすのは不可能という「不確定性原理」**といいます。いい換えれば、位置と速度の両方を同時に決めることはできない、ということです。量子力学の基本原理です。

これに対してアインシュタインは、検出器を置かなくとも1枚目のスクリーンの運動を見ればば電子がどちらを通ったかがわかるはずで、1個1個の電子は必ずどちらかのスリットを通ったはずだと主張しました。

そのためにアインシュタインは次のような思考実験を考えました。

電子銃から撃ち出される電子に対してスクリーンは垂直になっていて、スリットは中心から左右対称に入っているとして、それらのスリットを通り抜けた電子はどちらも左方向に曲がったとします。電子が2枚目のスクリーンの同じ位置に届くとすると、中心の右側にあるスリットから出た電子の曲がる角度は、左側にあるスリットから出た電子の曲がる角度よりもわずかに大きいはずです（図18）。

右側にあるスリットから出た電子の方がより大きく左に曲がるのであれば、その電子の方が左側にあるスリットから出てきた電子よりも「ほんの少しだけ左方向の速度が速い」ということになります。

したがって電子が右側のスリットを通過した場合と左側のスリットを通過した場合では、「通過した電子のもっている左方向の速度はわずかに違う」ことになります。この違いを見れば、電子がどちらのスリットを通過したのか、電子そのものを観測しなくてもわかります。そしてその違いは、スリットがある1枚目のスクリーンの運動を調べればわかる、とアインシュタインは考えたのです。

スリットを通過した後に電子がもっている左方向の速度は、スリットとの衝突でできたものなので、当然スリットはその反対方向に運動するでしょう。作用反作用の法則（作用があれば必ず反作用が生じており、その大きさは等しく方向が反対）です。

よって、電子が右のスリットから出たときと、左のスリットから出たときの1枚目のスクリーンの運動を測れば、電子がどちらのスリットを通ったかがわかるはずです（右側のスリットを通過した方が1枚目のスクリーンは大きく動く）。アインシュタインの指摘はもっ

図18　干渉縞と観測

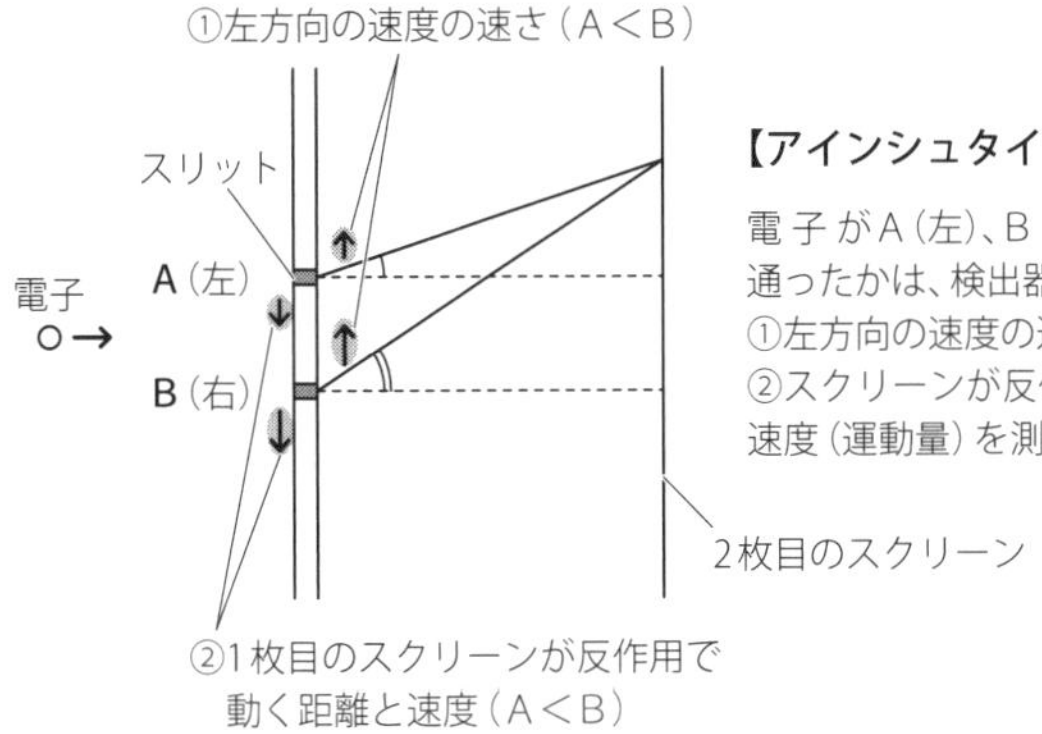

【アインシュタインの言い分】

電子がA（左）、B（右）のどちらを通ったかは、検出器を使わなくとも、
①左方向の速度の速さの違い
②スクリーンが反作用で動く距離と速度（運動量）を測ればわかる

↓

だが②を観測して電子の動きを確かめると、
2枚目のスクリーンの干渉縞は消える

↓

不確定性原理

粒子の位置と運動量の両方の不確かさを
同時になくすことはできない

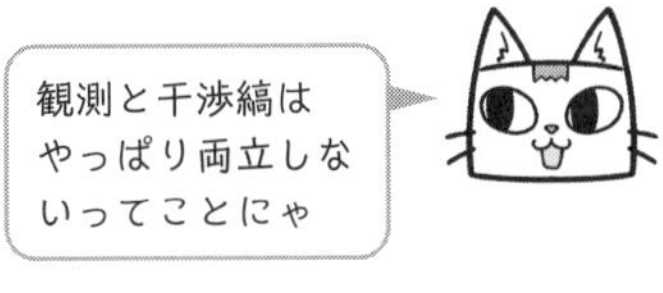

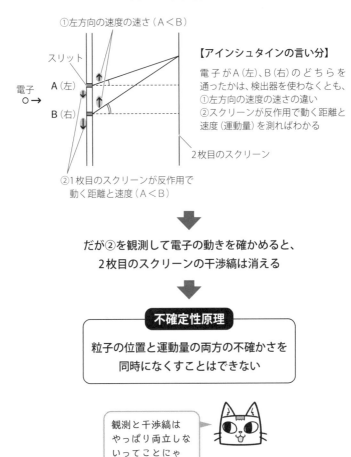

ともです。

これに対してボーアは、実際にスクリーンの動く距離と速度（正確には運動量）を計算して、その積が干渉縞を打ち消す条件になっていることを示したのです。要するに、**スクリーンの運動を観測して、電子がどちらのスリットを通ったかを確かめると干渉縞が消える**ということです。**干渉縞を残しつつ電子がどちらのスリットを通ったかを決めることはできない**のです。

ミクロとマクロの境目はどこ？

粒子と波動の性質をもつ量子は、電子や光子など内部に構造をもたない素粒子だけではありません。広がっていて構造をもった**より大きな粒子も量子の性質を示す**ことがわかっています。

１９９９年、オーストリアのアントン・ツァイリンガーの実験グループが、**多数の炭素原子から構成されたフラーレン分子による二重スリット実験**をおこない、やはり干渉縞が現れることが確認されています。この分子の大きさは水素原子の10倍程度で1ナノメートル程度です（1ナノメートルは10億分の1メートル）。

図19　ミクロとマクロの境目は？

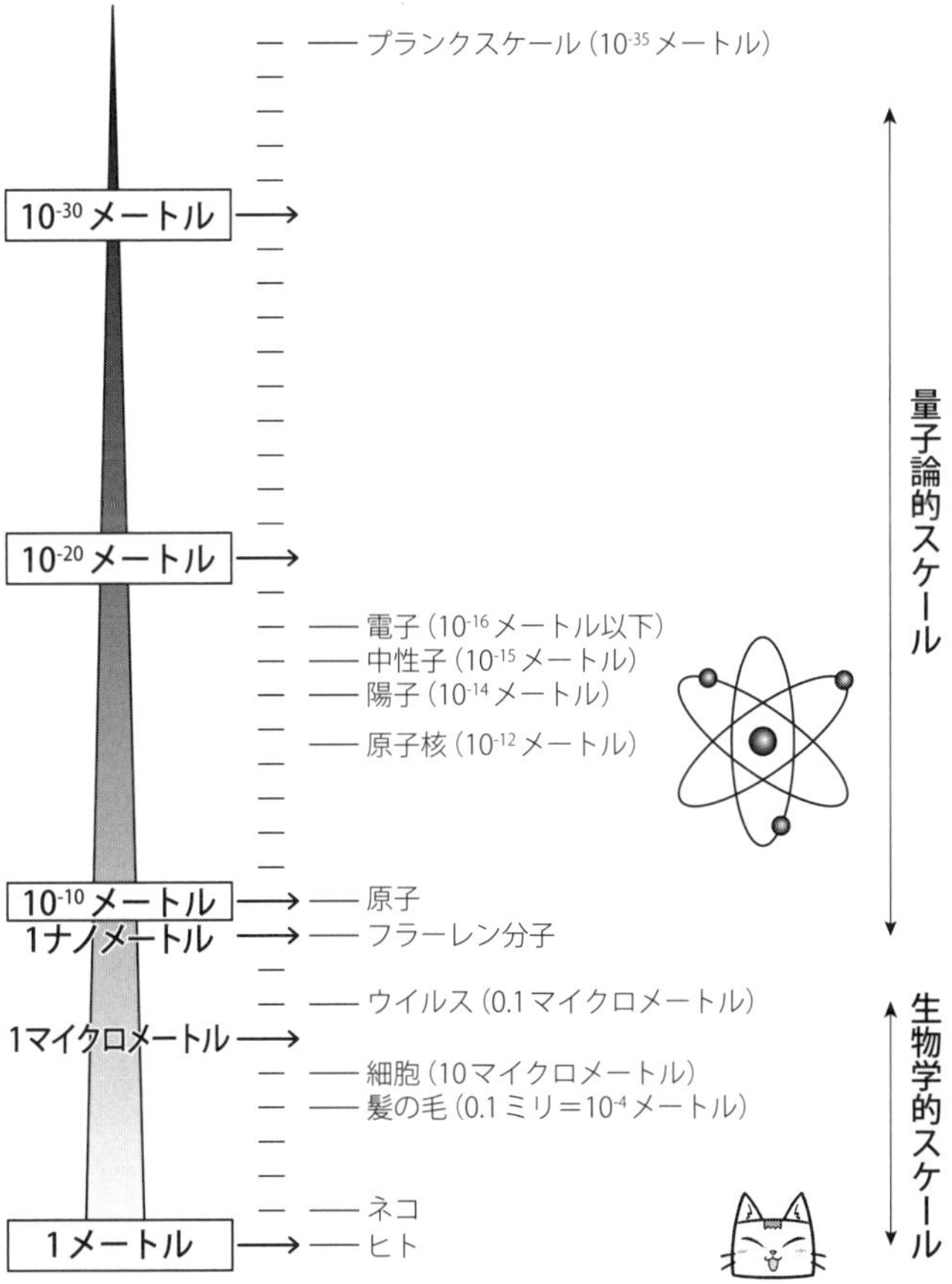

このグループは**ウイルスを使った二重スリット実験**にも取り組んでいます。ウイルスの大きさは0・1マイクロメートル（1マイクロメートル＝1ミリの1000分の1）程度で、スギ花粉の数百分の一、黄砂の数十分の一の大きさです。

これまで量子力学のはたらく世界は原子以下のミクロなスケールといわれてきましたが、いまはフラーレン分子のような大きさの分子以下に認識が変わりました。ミクロとマクロの世界の境界はどこにあるのでしょう（図19）。

また、すべての物質は量子である素粒子からできているので、私たちのマクロな世界ではなぜ量子の波の性質が現れないのか、と不思議に思う人もいるでしょう。理由はマクロの物質が無数の量子からできているから、です。

私たちの体、あるいはもっと小さい塩や砂糖の粒子も、実際には莫大な数の原子や分子の集団です。ところが、1個1個の原子や分子は量子であったとしても、それが**集団になると量子がもっている波の性質は現れなくなってしまう**のです。

ミクロとマクロの世界の境界——その答えは観測技術の進展によって変わります。実際には**多数の量子が集まった集団でも、波の性質がわずかに残っています**。そのわずかな波の影響を検出できるかどうかは、観測対象に影響を与えずにどれだけ精密に観測できるかによります。

EPRパラドックスも注目されず……

ボーアとの論争の後も**アインシュタインは納得せず**、第１章で述べた**量子もつれにかかわるEPRパラドックスの「気味の悪い相互作用」を持ち出して、量子力学が不完全であると主張**しました。EPRパラドックスは１９３５年、アインシュタイン、ポドルスキー、ローゼンの３人によっておこなわれた思考実験のことで、「気味の悪い相互作用」は、量子もつれの関係にある２つの粒子において、一方の粒子を観察した影響が他方の粒子に光速を超えて瞬時に伝わる現象のことでした。

ですが、ボーアをはじめとする当時の新進気鋭の研究者たちからはほとんど注目されなくなっていきます。それはアインシュタインが、「観測するしないにかかわらず、物理学の対象はある決まった性質をもって存在する」という従来の「局所実在論」に固執するあまり、量子力学の確率解釈を受け入れず非生産的な議論ばかりしていると思われたからでした。

しかし、１９７０年代後半に入って「気味の悪い相互作用」が実際に存在することが実験によって確認されると、EPRパラドックスは再び注目を浴びることになります（第８章参照）。

思考実験「シュレーディンガーの猫」――生と死の重ね合わせ

シュレーディンガー方程式を導いて量子力学のトップを走っていた**シュレーディンガーもコペンハーゲン解釈にはなじめなかった**ひとりです。アインシュタインが量子もつれに関するＥＰＲの論文を出したのと同じ年に、後年**「シュレーディンガーの猫」と呼ばれる思考実験**を考えて、量子力学への違和感を表明しました。この仮想実験はコペンハーゲン解釈の問題点を身近な例で示したことで有名になりました。

シュレーディンガーは１匹の猫を閉じ込めた窓のついた閉じた箱を考えます（図20）。その箱の中には量子力学にしたがって放射線を出す放射性元素があり、放射線が出ると毒ガスが出る仕掛けがあるとします。

放射性元素には、たとえばリンの同位体《どういたい》を使います。同位体というのは原子核の陽子の数が同じで中性子の数が異なる原子のことです。普通のリンの原子核は陽子が15個、中性子が16個でできていますが、陽子が15個、中性子が17個からできたリンの同位体^{32}Pは、約14日でベータ線（電子）を放出して普通のリンの原子核に戻ります（ベータ崩壊という）。

図20　シュレーディンガーの猫

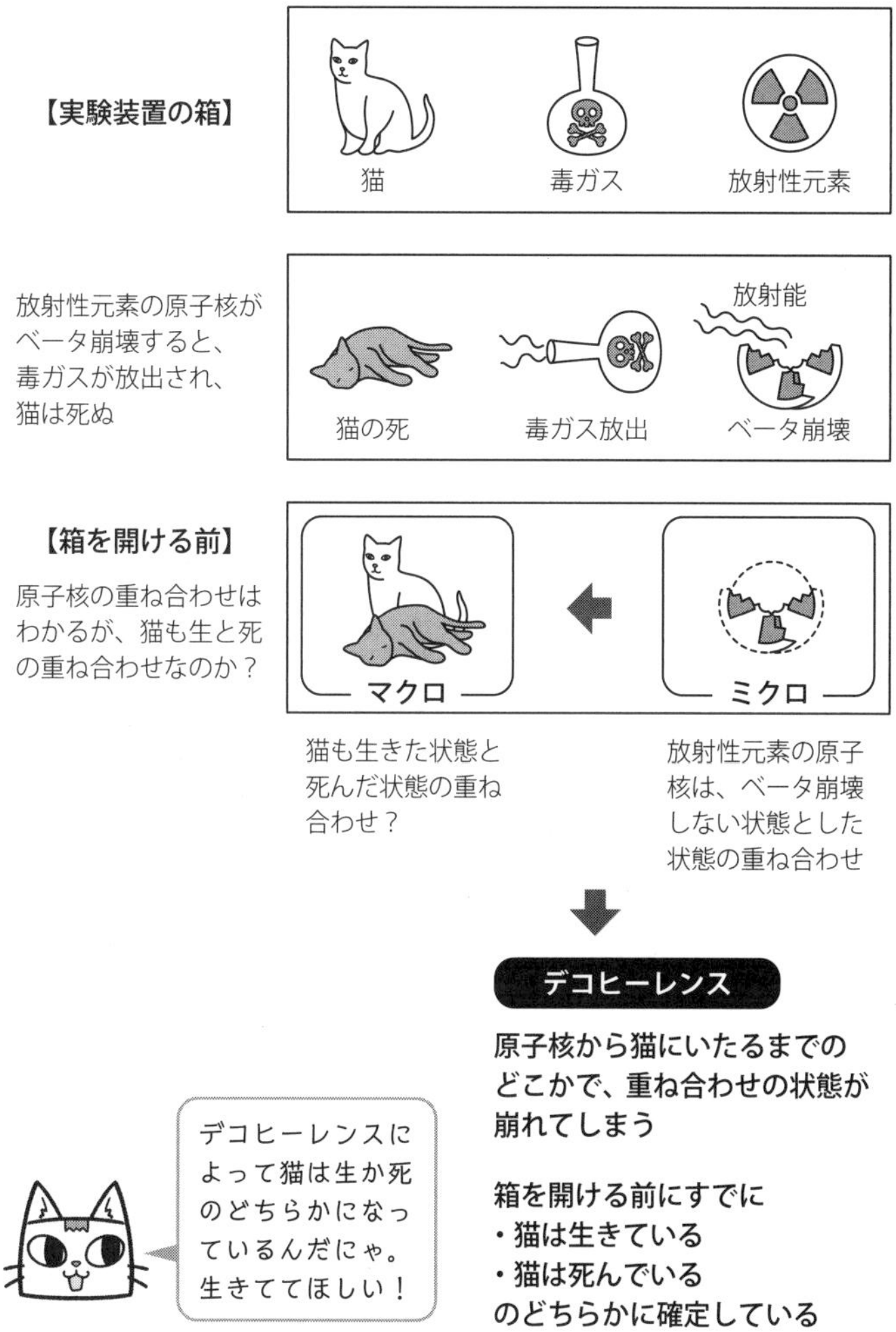
【実験装置の箱】
猫
毒ガス
放射性元素
放射性元素の原子核がベータ崩壊すると、毒ガスが放出され、猫は死ぬ
放射能
猫の死
毒ガス放出
ベータ崩壊
【箱を開ける前】
原子核の重ね合わせはわかるが、猫も生と死の重ね合わせなのか？
マクロ
ミクロ
猫も生きた状態と死んだ状態の重ね合わせ？
放射性元素の原子核は、ベータ崩壊しない状態とした状態の重ね合わせ
デコヒーレンス
原子核から猫にいたるまでのどこかで、重ね合わせの状態が崩れてしまう
箱を開ける前にすでに
・猫は生きている
・猫は死んでいる
のどちらかに確定している
デコヒーレンスによって猫は生か死のどちらかになっているんだにゃ。生きててほしい！

この14日というのはすべてのリンの同位体^{32}Pが14日でいっせいに崩壊するわけではなく、14日で崩壊するものが最も多く、それより短いもの、長いものは少なくなるという意味です。1日で崩壊することもあるし、20日過ぎても崩壊しないものもあるわけです。**1個のリンの同位体^{32}Pは崩壊するまでは、崩壊しない状態と崩壊する状態の重ね合わせ**なのです。

さて、猫をこの箱に閉じ込めてから、1週間後に窓を開けて猫の様子を覗《のぞ》いてみましょう。その**結果は「生きているか、死んでいるかのどちらか」**です。

では、**「窓を開ける直前の猫はどんな状態にあるのか」**とシュレーディンガーは問うたのです。

コペンハーゲン解釈を素直に受け取ると、猫は生きた状態と死んだ状態の重ね合わせ状態にあることになります。窓を開けた瞬間に、猫の状態が生きた状態か死んだ状態かに確定するのです。とはいえ、もちろん、そんなことはありえません。**窓を開けたとき生きていれば、その前からずっと猫は生きていたはず**です。

【窓を開ける前】　猫は「生きた状態」と「死んだ状態」の重ね合わせ　↑ありえない

【窓を開けた瞬間】　猫は「生きた状態」「死んだ状態」のどちらかに確定

しかし放射性元素だけを考えた場合、窓を開けてベータ崩壊していたとしても、それは窓を開ける前からベータ崩壊していたことにはなりません。窓を開けるまで放射性元素は崩壊した状態と崩壊していない状態の重ね合わせになっているのです。**窓を開けたとき崩壊していたのは、観測することでその状態が確定した**にすぎません。

【窓を開ける前】　放射性元素は「ベータ崩壊しない状態」と「した状態」の重ね合わせ
→ありえる
【窓を開けた瞬間】　放射性元素は「ベータ崩壊しない状態」「した状態」のどちらかに確定

重ね合わせが壊れる「デコヒーレンス」は未解明

放射性元素の重ね合わせの状態から、猫の確定した状態へのつながりはどう考えればよいのでしょう。

コペンハーゲン解釈では、実はこれはどうでもいい質問です。極言すれば、観測したときの状態は確率的にしか予言できず、それが波動関数の振る舞いに矛盾しなければ、**観測する**

前の状態が何であれ別にかまわないのです。まさに「黙って計算しろ！」なのです。

とはいえ、これでは話をはぐらかされたような気がします。もう少し物理学的にいうと、**重ね合わせの状態というのは非常にもろく、外部のちょっとした影響ですぐに壊れ、確定した状態になってしまう**のです。この**重ね合わせの状態が壊れることをデコヒーレンス（修復不可能性）**といいます。量子もつれも重ね合わせの一種なので、量子もつれが壊れることもデコヒーレンスです。

放射性元素から猫にいたるまでの流れには、毒ガス発生装置など多数の粒子で構成される装置が介在《かいざい》しています。そのどこかでデコヒーレンスが起きて重ね合わせの状態が壊れ、確定した状態になっているわけです。しかし、それが具体的にどこでどのように起こったのかを計算することは、ごくごく簡単な例を除いてできないのです。

このデコヒーレンスのメカニズムは、現在でも完全には解明されていません。

第4章

量子力学Q.E.D.（証明終了）

コペンハーゲン解釈を信じるか否《いな》かにかかわらず、観測しなければ確率的にしか存在しないという量子は、アインシュタインやシュレーディンガーでなくとも直感とはかけ離れた非常に不思議な存在です。

「隠れた変数」が見つかっていないからでは？

普通、確率という言葉を使うのは、すべての情報が得られないときです。たとえば真ん中に仕切りのある箱の中のどちらかに10円玉があるとします。このとき10円玉が箱の中のどちら側にあるのかは、それぞれ50％の確率です。

量子の確率も同じと考えることはできないでしょうか。量子はあまりにも小さいため本来決めるべき条件が隠れていて、それゆえに確率でしかその存在を記述できないのではないか。

このような考え方で**量子の世界の確率は本質的でなく、単にわれわれが知る情報が少ないだけだとする理論を「隠れた変数」**の理論といいます。アインシュタインやシュレーディンガーが**量子力学は不完全であるというのは、まだ隠れた変数が見つかっていないという意味**です。

しかし1970年代の実験によって、隠れた変数の存在は完全に否定されてしまいました。この実験をおこなった3つのグループの指導者ジョン・クラウザー（アメリカの理論物理学者）、アントン・ツァイリンガー（オーストリアの量子物理学者）、アラン・アスペ（フランスの物理学者）は2022年、ノーベル物理学賞を受賞しています。

彼らの実験は、アイルランドの物理学者ジョン・スチュアート・ベルによって提案されたある不等式（**ベルの不等式**）に基づいています。

もともとベルは、コペンハーゲン解釈が気に入らず、隠れた変数の理論に基づいた解釈を好んでいて、どちらの解釈が正しいのかを実験で決めようと考えていました。そして量子もつれ状態にある2つの量子を使ったある実験を考えて、**隠れた変数の理論が正しいとすれば測定結果が、現在ベルの不等式と呼ばれているある不等式を満たす**ことを示しました。これは1967年のことです。

ここでは以下に、より簡単で実験に適した形にした不等式での思考実験を紹介します。少しだけ式が出てきますが、足し算と引き算だけですし、わかりにくければ流し読みでも結構です。量子力学の不思議さがよくわかる例になっているので、しばしお付き合いください。

足し算と引き算でわかる「ベルの不等式」――CHSH不等式

量子もつれ状態にある2つの光子を発生させる装置を真ん中に置いて、それぞれを左右の反対方向に飛ばします。そしてお互いに十分離れたところで、それらの光子を観測します。

観測するものは、光子の偏光《へんこう》です。光子の偏光（あるいはスピン）とは、電磁波の振動に偏りのある光のことですが、ごく簡単にいえば進行方向に対して垂直な面内にある方向と思ってください。ここではそう思っておけば十分です。

1個の光子の状態は「＋」のようにお互いに直交する2つの偏光方向をもっていて、**測定するまで光子は、勝手に決めた方向に対して平行方向「―」と垂直方向「｜」の2つの偏光方向の重ね合わせ状態**です。

光子の偏光状態を分離する装置で偏光を測ることができます（たとえば光がある種の結《けっ》晶《しょう》を通過すると、その結晶に特有な方向とその垂直方向に偏光した光に分離するので、それを使った測定装置を作る）。

この装置で測定した結果、光子は1つの偏光方向をもった状態に確定します。そして、光の入射角に対して結晶を回転させることで、任意の方向とそれに垂直な方向の偏光状態に分

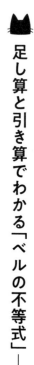

図21　ベルの不等式(CHSH不等式)

光子の偏光

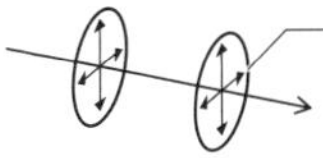

・進行方向に垂直な面内にある方向
・偏光は平行方向(―)と垂直方向(｜)の重ね合わせ状態

①量子もつれにある2つの光子を左右に飛ばし、途中で観測

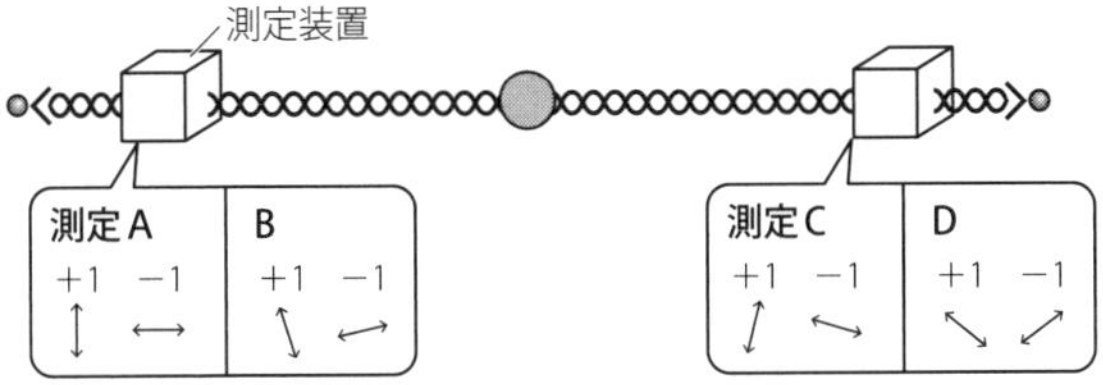

②測定AとCの組み合わせを平均化

	A	B
C	AC	BC
D	AD	BD

ACの組み合わせ4通り

A	C	
+1	+1	⇒+1
+1	−1	⇒−1
−1	+1	⇒−1
−1	−1	⇒+1

20回測定してこの値の平均をとる

・半数が同じ値、半数が違う値の平均　$\langle AC\rangle = \frac{1\times10+(-1)\times10}{20} = 0$

・すべて同じ値のペアの平均　$\langle AC\rangle = \frac{1\times20}{20} = 1$

・すべて違う値のペアの平均　$\langle AC\rangle = \frac{(-1)\times20}{20} = -1$

③⟨AD⟩⟨BC⟩⟨BD⟩も同様に平均をとる

④⟨AC⟩⟨AD⟩⟨BC⟩⟨BD⟩の4つを組み合わせた下記の式を計算

$$\langle S\rangle = \langle AC\rangle + \langle AD\rangle + \langle BC\rangle - \langle BD\rangle$$

⑤⟨S⟩の値は $-2 \leq \langle S\rangle \leq 2$ となる

‖

ベルの不等式(CHSH不等式)

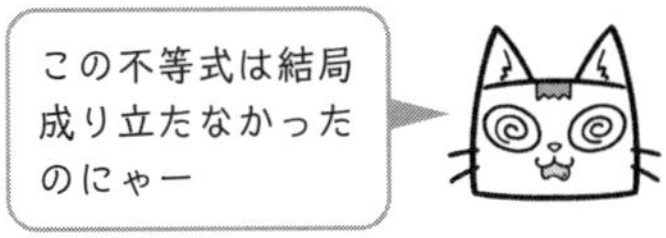

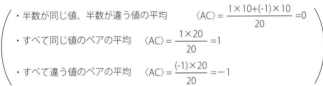

けることができます。

そうやって作った測定装置で、左側の光子に対して2つの測定A、Bを考えます。測定Aと測定Bで光の入射角に対する結晶の角度を変えるだけです。同様に右側の光子に対する2つの測定C、Dを考えます。測定Cと測定Dの違いはやはり結晶の角度の違いです。

こうして偏光方向の違う4つの測定ができます。ただし測定Aと測定Bは同時におこなうことはできません。また測定Cと測定Dも同時におこなうことができません。したがって1回の測定で測れるのは、AとC、AとD、BとC、BとDの4つの組のうちの1組だけです(図21)。

おのおのの4つの測定では、適当に決めた方向の偏光を＋1、それに直交する方向に－1という値を当てはめます。1回の測定で、AとCを選べば、〈AC〉のとりうる値の組み合わせは、(1，1)(1，－1)(－1，1)(－1，－1)の4通りです。次の測定でBとDのペアを選べば、〈BD〉の値はやはり同じ4通りの組み合わせができます。

このように一回一回適当にペアを選んで測定していきます。そしてその結果を次のように平均化します。

いま、たとえば測定Aと測定Cがともに（1，1）または（−1，−1）のように同じ値のペアだったら＋1とし、（1，−1）または（−1，1）のように違う値のペアだったら−1と決めます。そしてその値を平均するのです。

たとえば20回測定して、その半分が同じ値、半分が違う値だったとしたら、その平均は、

$$\langle AC\rangle = \frac{1\times 10+(-1)\times 10}{20}=0$$

となります、一方、すべて同じ値だったら

$$\langle AC\rangle = \frac{1\times 20}{20}=1$$

となって1となります。すべて違う値だったら−1となることは、同じようにすればわかりますね。

要するに〈AC〉は−1から＋1までの値をとり、測定Aと測定Cがともに同じ値をとることが多いほど、1に近くなるということです。ほかの組に対しても同じような平均を考え

て、それを〈AD〉〈BC〉〈BD〉とします。
そこで次のような組み合わせで定義される量〈S〉を考えます。

〈S〉＝〈AC〉＋〈AD〉＋〈BC〉－〈BD〉

この組み合わせのどの項も－1から1の間の値をとるので、**〈S〉の値は－2から＋2の範囲になります。**

－2≦〈S〉≦2

「実際に〈AC〉〈AD〉〈BC〉に1を入れ、〈BD〉に－1を入れて計算してみたら、〈S〉は4になりますけど?」と聞かれたことがありますが、〈AC〉〈AD〉〈BC〉の3つが同じ値なら、〈BD〉も同じ値になります。つまり、〈AC〉＝1、〈AD〉＝1、〈BC〉＝1なら、〈BD〉も1となるので、それは不可能なのです。

これがベルの不等式のひとつの形で、この実験を考えた人たちの名前の頭文字をとってCHSH不等式と呼ばれるものです。

「ベルの不等式の破れ」を実証したアスペの実験

ベルの不等式が成り立つかどうかは、当然ながら多くの実験家の注目を集めました。しかし実際にその実験をおこなうには、壊れやすい量子もつれ状態にある2つの光子を実際に作り、それらの状態を保ちながら遠くに離すこと、離れた場所での測定をほぼ同時におこなうための技術などさまざまな困難を克服する必要がありました。

そしてついに1972年、アメリカの物理学者ジョン・クラウザーとスチュアート・フリードマンによって最初の実験がおこなわれ、**ベルの不等式が実際に破綻《はたん》している**ことが強く示唆《しさ》されました。ちなみにクラウザーはCHSH不等式の最初のCです。

ただし、この実験は図21で説明した実験とは少し違っていて、左右に離れた光子に対してそれぞれ1つの測定をするものでした。量子もつれ状態にアインシュタインたちのいう「不気味な相互作用」があることを示してはいるものの、完全にベルの不等式の破れを示すかどうかには疑問が残りました。

その疑問を払拭《ふっしょく》するために、1982年、図21の形の「ベルの不等式」検証実験がアラン・アスペによっておこなわれ、**$\langle S \rangle$ が2を超えることがあると示され、ベルの不等式が**

破れていて量子力学が正しいことを明確にしたのです。

それでも実験物理学者は、アスペの実験にも若干の疑問点を見つけます。図21で説明した測定Aと測定B、測定Cと測定Dの距離が比較的近い距離に置かれていたため、何らかの原因で測定同士が影響し合っている可能性が捨てきれない、というものです。

そこで左右で異なる銀河からの光子を使って、測定Aと測定Bをランダムに選択して測定同士が完全に影響を与えないような工夫をした実験が1998年、アントン・ツァイリンガーによっておこなわれ、**ベルの不等式の破れが確かなもの**となっています。

ツァイリンガーは1997年に量子テレポーテーションを成功させたことでも有名です。2012年には、140キロメートル以上離れた2つの島の間で量子テレポーテーションを成功させました。

気づかない暗黙の了解が含まれていた

なぜ〈S〉が2を超えることがあるのでしょう。その原因の基本は、**観測していないときに物理量は確定値をもたない**ということです。それがどんな意味をもつのかを見てみましょう。

〈S〉を次のように書き替えます。

ここではAとBは同じ方向に飛んだ光子の測定結果を考えます。測定A、Bの偏光が適当に決めた方向に対して同じ方向ならどちらも＋1、直交する方向ならどちらも−1です。

$$\langle S\rangle = \langle (A+B)\,C\rangle + \langle (A-B)\,D\rangle$$

この式から測定Aと測定Bの結果が同じ（どちらも＋、あるいは−）なら、この式の右辺の第二項が0となって、第一項のA＋Bは＋2または−2になるはずです。測定Aと測定Bの結果が違うのなら第一項が0、第二項のA−Bは＋2または−2になるはずです。

CとDの値は＋1か−1なので、どちらの場合でも〈S〉の値は±2となります。こうしてどちらの場合もベルの不等式が成り立つはずです。

ところが実験の結果は＋2以上、あるいは−2以下なのです。

なぜそうなってしまったのでしょう。それはAとBの値を同時に決めてしまったからです。

「AとBは同時に測れない」ことを思い出してください。

測定Aと測定Bの結果が同じなら、1＋1＝2とか−1−1＝−2という計算をしていますが、これは**暗黙のうちに**測定Aをしているとき測定Bは測ってもいないのにAと同じ値をもっていると仮定しています。**観測していなくても、量子はある値をもっているという局所実在論を当然として受け入れている**のです。ベルの不等式が成り立つというとき、この局所実在論が暗黙の前提にあるのです。この局所実在論は、第2章や第3章でも触れたように、シュレーディンガーやアインシュタインもとらわれてしまったトラップです。

量子力学では測定していないとき、そもそも物理量は確定した値をとっていないのです。ベルの不等式が破綻していることが、そのことを明確に示しています。

量子力学の予言や量子の存在の様子がいくら不思議で常識とはかけ離れていても、私たちはそれを受け入れなければならないのです。

第5章

核融合スキャンダル＆超伝導フィーバー

——量子がもたらす光と闇

私たちは有形無形問わず量子力学の恩恵を受けて生活しています。現代社会はいたるところでコンピュータ制御《せいぎょ》されていますが、あらためてコンピュータとは何でしょうか。一般的には電子回路を利用して、演算やデータの蓄積・検索・加工などの処理を高速でおこなう電子計算機のことです。

コンピュータの演算回路は半導体素子《そし》（デバイス）で作られています。半導体が使われているものは、高画質テレビ、電子レンジ、エアコン、ＬＥＤ照明、通信インフラなど枚挙《まいきょ》にいとまがありません。

半導体とは、ある条件では電気を通し、別の条件では電気を通さない物質のことで、この原理は量子力学によって解明されました。量子力学の知識によって、さまざまな半導体が開発され、性能が向上してきたのです。**量子力学なくして現代社会は成り立たない**といっても過言ではありません。

ここからは、量子力学と現代社会のホットな話題として「核融合と超伝導」「量子コンピュータ」を紹介します。まずは量子力学が深くかかわっている科学で、しかも社会や人類の存続に大きな影響を与え、また研究とは何かを考えさせてくれる例として、「核融合と超伝導」をとり上げます。

量子力学でわかった核分裂と核融合

２０１１年3月11日に発生した福島の原発事故以来、人間が原子力を操る難しさとその危険性が強く認識されています。

現在の原子力発電で利用されているのは核分裂で生じるエネルギーですが、この方法ではそれに伴って遺伝子を損傷する危険な放射性元素が発生することを避けられません。また燃料であるウランやプルトニウムといった元素は自然界ではごく微量しか存在せず、いずれは枯渇《こかつ》することは免《まぬが》れません。

そこで１９４０年代からこれらの問題を解決する**核融合反応を用いた発電の研究がおこなわれ、２０５０年代の実用化**を目指して日々研究がおこなわれています。

核分裂＝１つの原子核が、ほぼ同じ大きさの２つの原子核（核分裂片）に分裂すること
核融合＝２つの軽い原子核が合体して、より重い原子核を作る反応

核分裂も核融合も、その反応過程で外部に大きなエネルギーを放出します。そしてこの２

つとも、物質の構造が量子力学によって解明されて初めて、そのメカニズムが明らかになりました。特に核融合は、星のエネルギー源を解明し天文学を大きく発展させたのです。

まず太陽がどのようにして莫大《ばくだい》なエネルギーを発生させているかを見て、核融合の原理とそれを実現するための条件を見てみましょう。

太陽のエネルギーは何が〝燃えて〟いるのか？

太陽の表面からは、1秒当たり約4・3×10^{26}ジュールという莫大なエネルギーが宇宙空間へと放出されています。これは**1秒間に月の質量の10倍もの石油を燃やしたときに出てくるエネルギーに匹敵《ひってき》**します。ジュールというのはエネルギーの単位で、たとえば1リットルの石油を燃やすと約３７００万ジュールのエネルギーが放出されます。

太陽の質量は月の約26億倍なので、もし太陽が石油からできていれば、たった数千年で燃え尽きてしまいます。

一方で太陽の年齢は約47億年と推定されているので、石油を燃やすような化学反応では太陽の放出エネルギーを出し続けることはできません。そもそも物質が「燃える」という化学反応は物質に空気中の酸素が結びついて起こるものなので、酸素が必要ですが、宇宙空間に

図22　太陽内部の核融合反応

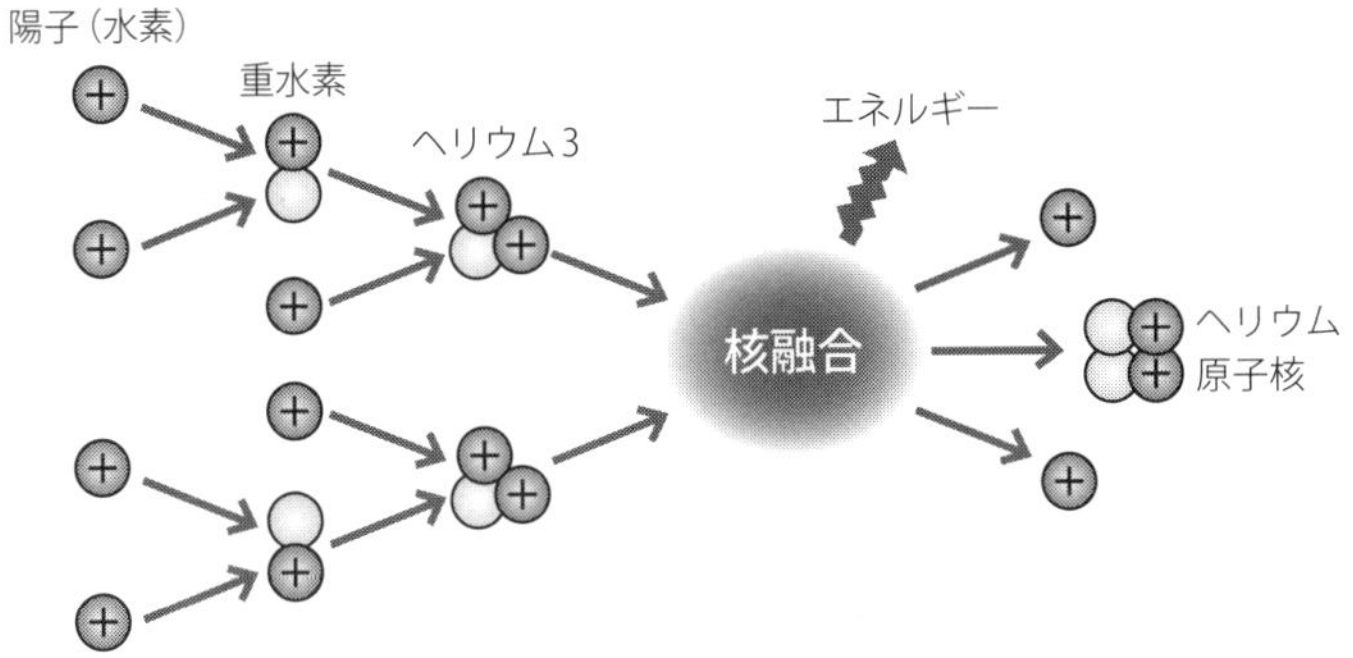

4個の陽子→1個のヘリウム原子核になる過程で、
4.3×10^{-12}ジュールという莫大なエネルギーが発生する

は酸素がないので、初めから化学反応でないことは明らかです。

20世紀の新しい物理学である相対性理論と量子力学は、この難問に対して明確な回答を与えました。それが水素の核融合反応における静止エネルギーの解放というメカニズムで、1938年のことです。つまり、**太陽のエネルギーは内部で何かが燃える化学反応によるものではなく、原子核が合体する核融合反応によるもの**なのです。

アメリカの物理学者ハンス・ベーテとドイツの物理学者カール・フリードリッヒ・フォン・ワイツゼッカーは、恒星《こうせい》の中心部で水素の原子核である陽子同士が融合してヘリウム原子核を作る具体的なメカニズムを解明しました。

核融合で出てくるエネルギーを計算してみましょう。**4個の陽子が1個のヘリウム原子核になることで、**4・8×10^{-26}グラムの質量が消えて**4・3×10^{-12}ジュールのエネルギーが解放されます**（図22）。これは水素1グラムが核融合したときに、6・5×10^{11}ジュールのエネルギーが放出されるということです。

つまり、太陽が出しているエネルギーをまかなうためには、1秒間に400万トンの水素が消えてヘリウムに変わっていることになります。

太陽がその誕生から現在まで同じように輝いているとすると（実際には誕生直後の太陽の光度は現在の70％程度）、放出されたエネルギーの総量は5・7×10^{43}ジュールという膨大《ぼうだい》な量になります。

しかし、これほど膨大なエネルギーを作り出すためには、現在の太陽の質量のたった4％の水素がヘリウムに変わるだけでよいのです。**核融合によるエネルギーがいかに効率的で巨大か**わかるでしょう。

太陽の核融合を可能にするトンネル効果

実はこの説明はかなり単純すぎて、量子力学との関係はいまひとつ不明確です。量子力学と太陽の核融合の関係、それには**太陽の中心温度がたったの1500万度程度にすぎないと**いうことが絡《から》んできます。

水素の原子核である陽子は、もちろんプラスの電荷をもっています。たとえば磁石の同じ極（S極とS極、N極とN極）が反発し合うように、電荷もプラス同士の間には強い反発力が働きます。にもかかわらず陽子同士を融合させるには、動き回っている陽子同士に勢いをつけて（非常に速い速度で）ぶつける必要があります。

勢いをつけるためには周囲を高温にすればよいのですが、1500万度程度では勢いはまったく不十分なのです。陽子同士の間に高い壁があるようなものです。この高い壁を**クーロン障壁《しょうへき》**と呼びます。

1920年代にはすでに、太陽をはじめとする恒星のエネルギー源として核融合反応が提唱されていたのですが、この壁のため星の中では起こらないだろうと思われていました。

しかし量子力学の知見によれば、**陽子はわずかな確率ですが、この高い壁をすり抜けるこ**

図23　トンネル効果

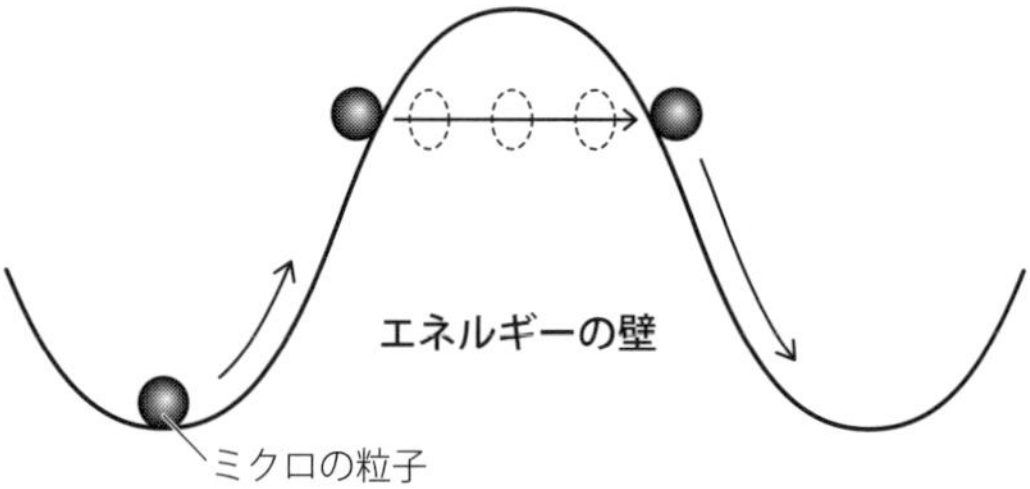

大きなエネルギーの高い壁を、それより低いエネルギーの粒子がトンネルを抜けるようにすり抜ける、量子力学に特徴的な現象

とができるのです。これを**トンネル効果**と呼びます（図23）。

　トンネル効果とは量子力学の世界に特徴的な現象で、大きなエネルギーのクーロン障壁を、それより低いエネルギーをもった粒子がトンネルを通るようにすり抜けてしまうことです。

　これがあるため、太陽のような「低温」環境でも核融合反応は起こるのです。

　とはいえ、このトンネル効果の確率は非常に低く、太陽のような低温環境では1個の陽子に対して約50億年に一度しか核融合反応は起こりません。

　ここで、第1章で述べた確率の説明を思い出してください。確率とはある事象の起こりうる可能性で、非常にたくさんの数を観測すれば確率は高くなります。

そして、**太陽中心部には10^{56}個程度もの莫大な数の陽子があります。そのため、50億年に一度しか起こらない核融合反応が毎秒10^{30}回くらい起こっている**のです。

もしミクロの世界の法則が量子力学でなく古典力学だったとしたら、星が輝くことはなかったでしょう。

夢のエネルギー「核融合炉」

太陽の中で起こっているこの核融合反応を地上で起こしてエネルギーを得ようというのが、核融合炉です。

核融合は現在の原子力発電所が利用する核分裂と違って、クリーンなエネルギーと考えられています。それは原子炉内で起こっている連鎖《れんさ》反応がないため、核反応が暴走することも、危険な放射性物質を作ることもないためです。

原子炉内では次のような核分裂の連鎖反応が起こっています。

1 燃料になるウランの原子核に中性子が当たり、核が2つに分裂

←

2　膨大な熱エネルギーと中性子が発生（このエネルギーを電力へ利用）
←　3　2の中性子が別のウランを核分裂させる
←　4　さらに発生する中性子が別のウランを核分裂させる

このような核分裂の連鎖反応が起こっている状態が「臨界《りんかい》」です。原子炉内ではこの連鎖反応が一定の割合で続くように制御されていますが、それがうまくいかなくなると核反応が暴走してしまいます。また、核分裂の際には、セシウムなどの放射性物質も生じます。

では、核融合炉とはどのようなものでしょうか。

現在の実験炉では、燃料に陽子と中性子からできている**重水素**《じゅうすいそ》（陽子と中性子からできた原子核：D）と陽子1個、中性子2個の**三重水素核**（**トリチウム**：T）が使われています。両方とも水素の同位体《どういたい》です。

想定される核融合発電の炉内での反応はこのようなものです。

1　重水素と三重水素の原子核を衝突させる

2 ← 莫大なエネルギーと中性子、ヘリウムが発生

3 ← 2の中性子と別の原子（リチウム6）を核融合させる

4 ← ヘリウムと三重水素が発生。三重水素を再利用

（3と4は自然界にほとんど存在しない三重水素を作るために必要）

太陽内部の核融合反応では、スタート時は陽子と陽子の融合から始まりますが、前述したようにクーロン障壁があるため反応が非常に遅いです。また反応の途中で重水素やトリチウムができるので、核融合炉では反応を効率よく進めるべく、初めから重水素やトリチウムを使うのです。この方式を「**D－T核融合反応**」といいます（図24）。

この方法で、**燃料1グラムから石油約8トン（タンクローリー1台分）を燃やしたエネルギーが得られます。**

ただし、重水素やトリチウムは陽子のそれぞれ2倍、3倍の質量をもっているので、これ

図24　D－T核融合反応

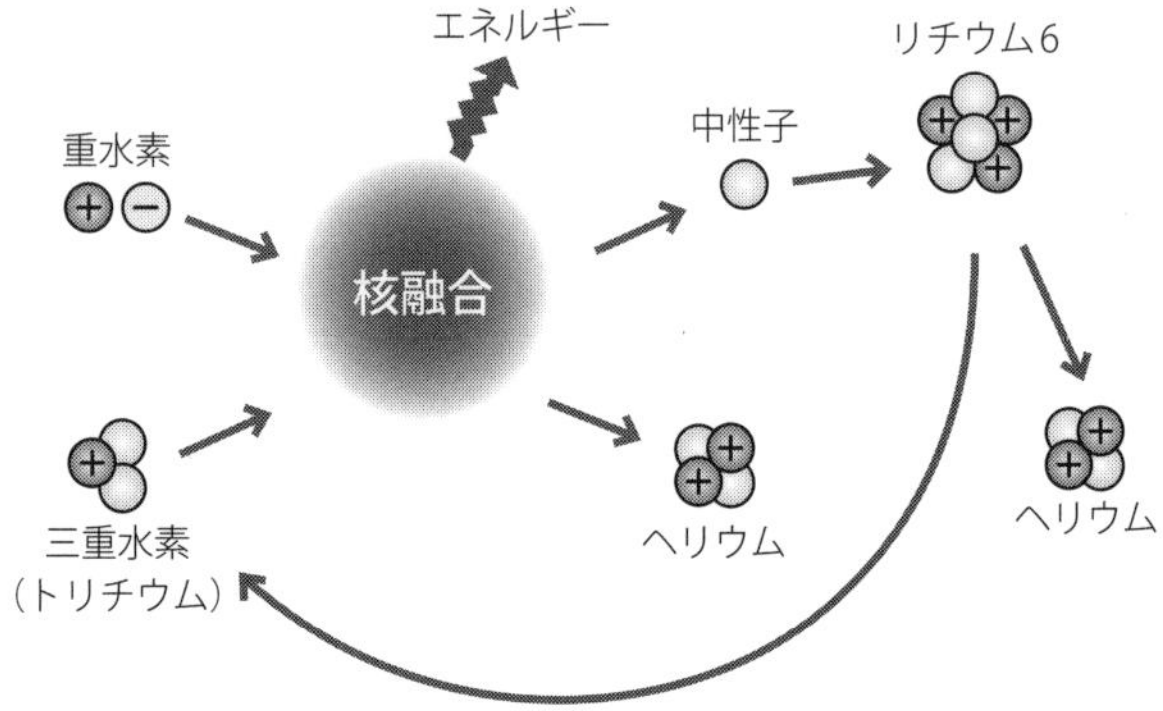

燃料1gから石油約8t（タンクローリー1台分）を燃やしたエネルギーが生まれる

らの粒子を融合させるためには太陽の中心温度（1500万度）程度では足りず、**1億度という超高温度が必要**です。この温度は**ビッグバンという大爆発で宇宙が始まって約3分後の温度と同じ**です。

この反応では発生するエネルギーの8割程度を中性子が持っていってしまうため、飛び出してくる中性子をブランケットと呼ばれる特殊な壁でとらえて熱に変換しなければなりません。

また、重水素は海水中にほぼ無尽蔵に存在しますが、トリチウムは自然界にはほぼ存在しないので、ブランケット内にリチウムやベリリウムを入れ、発生した中性子を衝突させて作ります。

重水素と重水素による核融合反応（D－D

核融合反応）という方式では、トリチウムを使わず重水素だけを使うので燃料を調達する心配はありません。ただしこの反応を実現するには約10億度というとてつもない高温が必要なので、現在および近い将来の技術では実現できそうにありません。

国際熱核融合実験炉「ＩＴＥＲ」計画

核融合炉のいちばんの問題は、高温状態の炉内に燃料となる原子核を安定に長時間閉じ込めておくことです。そのような高温では物質は原子核（この場合は重水素核と三重水素核）と電子がバラバラになったプラズマ状態となりますが、核融合を起こすには温度だけでなく密度もある程度以上に上げることが必要です。

この**超高温のプラズマを閉じ込めるには、荷電粒子《かでん》が磁力線に巻きつくように運動するという性質を利用**します。

代表的な方法はソビエト連邦で開発された**トカマク型**と呼ばれる核融合炉で、真空容器中にプラズマをとり囲むようにドーナツ状に電磁石を置いて、磁力線をらせん状に一周させることでプラズマを閉じ込める装置です（図25）。日本も参加している**国際熱核融合実験炉（ＩＴＥＲ《イーター》）もこの方式**です。

図25　トカマク型核融合炉

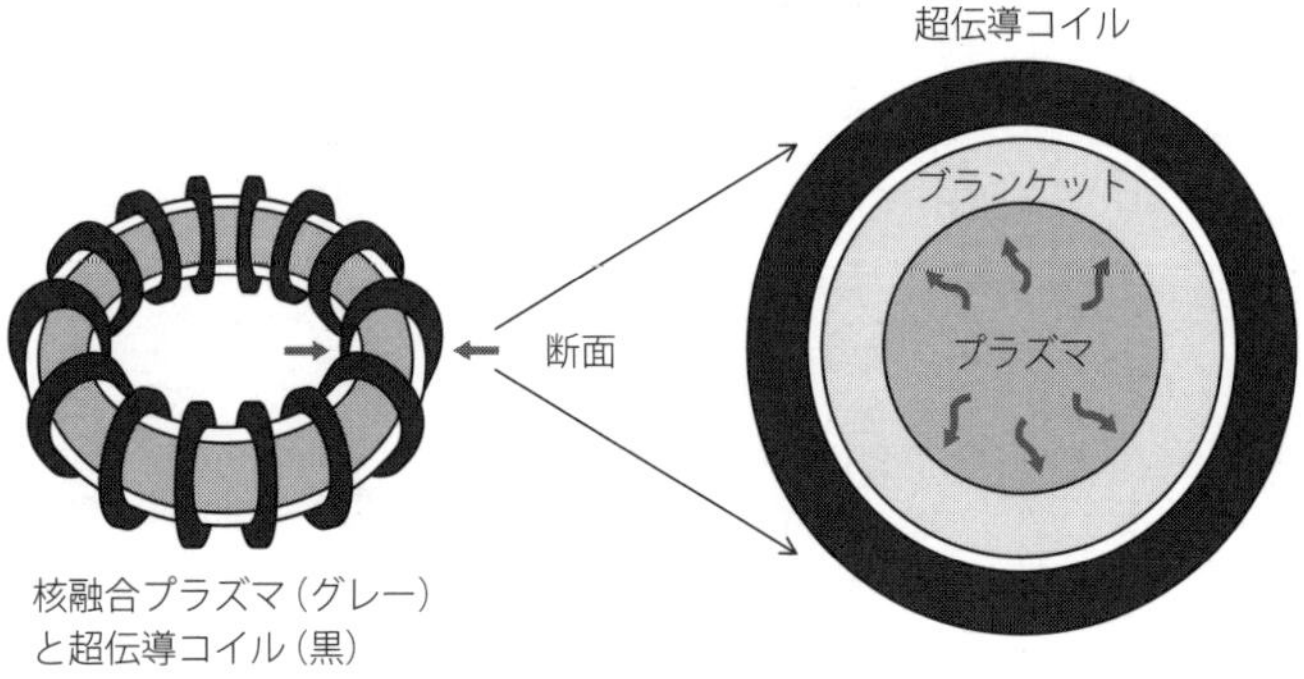
超伝導コイル
ブランケット
プラズマ
断面
核融合プラズマ（グレー）
と超伝導コイル（黒）

ＩＴＥＲ計画は２０２５年の運転開始を目指し、日本・ＥＵ（欧州連合）・アメリカ・ロシア・韓国・中国・インドにより進められています。

ＩＴＥＲは、数百秒の間、核融合反応を続けて起こすためにつぎ込んだエネルギーに対して、その10倍のエネルギーを出力することを目標にしています。しかし**実際に核融合の実験を始めるのは２０３５年と想定**されており、地上に太陽をともすにはまだまだ長い道のりです。

20世紀最大の科学スキャンダル「低温核融合」

夢のエネルギー源である核融合ですが、超高温・高圧のプラズマ状態を安定的に維持するなど技術的な困難も大きく、その実現にはまだ相当の時間がかかりそうです。

1989年、**摂氏1000度程度の「低温」で核融合が起こると主張する研究が発表され、大センセーションを巻き起こしました。**

当時、イギリスのサウサンプトン大学にいたマーティン・フライシュマンとアメリカのユタ大学にいたスタンレー・ポンズは、重水（重水素2つと酸素からなる水）を満たした容器にパラジウムとプラチナの電極を入れて、電流を流すことで水素原子をパラジウム電極に大量に吸収させて融合反応を引き起こす実験をおこないました。

その結果、投入したエネルギーの4倍のエネルギーが発生し、さらに核融合の結果生じる中性子やトリチウム、ガンマ線を検出したと発表したのです。

パラジウムは水素吸蔵金属とも呼ばれ、固体容積の1000倍もの水素を吸収します。吸収された重水素はパラジウムの固体中でイオン化（電気的に中性の原子が、電子を失うか〔酸化〕とり込むか〔還元《かんげん》〕で、プラスの電荷をもつ陽イオン、あるいはマイナスの電荷をもつ陰《いん》イオン状態を作り出すこと。この場合は陽イオン化）するため、重水素の原子核（陽イオン化した重水素）はお互いに接するほど近くなり、低温でもわずかな確率でトンネル効果によって融合が起こると考えたのです。

実はこのアイデア自体は1920年代には提案されていました。実際に計算するとその確率はゼロではないものの、実際上はゼロと同じで理論的には起こりえないのですが、彼らはそれが起こったと主張したのです。

その発表では、莫大な利益につながる特許や同様の研究をしていた競合大学との先有権争いなども絡み、実験の詳細を公表しませんでした。

前にも述べたように重水素同士の融合には10億度という温度が必要ですが、この方法ではそれよりはるかに低い温度で容易に起こるというのですから、もしこれが本当ならその社会的意義の大きさははかりしれません。

そのため、もちろん多くの研究者が彼らの実験の再現に取り組みましたが、そのほとんどは否定的な結果でした。その結果、**彼らの結論は間違い**であるとされ、ポンズはユタ大学を解雇されました。フランスに移りフライシュマンとともに1998年まで研究を続けましたが、その後消息不明となっています。

彼らの現象は低温核融合（日本では常温核融合と呼ばれていますが、ここで英語のcold fusionの直訳を使います）と呼ばれ、その研究は「**20世紀最大の科学スキャンダル**」と呼ばれています。しかし、低温核融合が実現できれば人類の未来を変えるほどの魅力をもつため、少数の科学者によって研究が継続されています。

日本でも通産省による新水素エネルギー実証実験プロジェクトが１９９４年から１９９９年にかけておこなわれましたが、フライシュマンとポンズの観測した現象は確認できなかったという最終報告が出されています。

また２０１５年にはグーグルが１０００万ドルの資金提供をして低温核融合研究を支援しましたが、否定的な結論を出しています。

現在でも一部の研究機関では低温核融合の研究が続けられていて、核融合が起こったという主張もされていますが、まだ多くの核融合専門家は認めていないのが現状です。

超伝導で送電ロスをなくす

生活のために電気が必要なことはいうまでもありません。電気は必要不可欠ではあるものの、そのため原子力発電の是非《ぜひ》が問題になっています。

しかし、**発電所から工場や各家庭に電力が届くまでに約5％程度の電力が失われている**のをご存じでしょうか。それは送電ロスと呼ばれるもので、電線内の電気抵抗によって電気が熱に変わってしまうことで失われる電力です。

日本全体では、原子力発電所約6基分の電力が輸送中に失われているのです。送電ロスをなくせば原子力発電所6基を稼働する必要がないということです。

送電ロスをなくす方法は、電線を超伝導材料にすればよいのです。超伝導というのは電気抵抗なしに電流が流れる現象です。電流が流れると磁場が発生することから、強力な磁石は強い電流から作られます。

超伝導状態で電流を流すことができれば、強力な磁石を作ることができ、強力な磁場を必要とするリニアモーターカーやＭＲＩ（核磁気《かくじき》共鳴画像法）などさまざまな応用が広がります。次にニュースなどでも話題になる超伝導をとりあげます。

金属はなぜ低温で超伝導状態になるのか

超伝導という現象は量子力学が確立する前の１９１１年に、オランダの物理学者カメルリン・オンネスによって発見されました。オンネスは**水銀を冷却していくと、摂氏《せっし》マイナス268・8度で電気抵抗が突然ゼロになってしまうことを発見した**のです。これ以降は非常に低温の現象の話になるので、摂氏ではなく絶対温度を使うことにします。

絶対温度とは摂氏マイナス273度のことです。したがって摂氏マイナス268・8度というのは絶対温度で4・2度のことです。オンネスはその後、**ほかの金属も極《きょく》低温（絶対温度で零度《れいど》に近い、きわめて低い温度）では電気抵抗が消える**ことを発見し、この現象が一般的なものであることを示しました。

また1933年にはドイツの物理学者ウォルター・マイスナーが、超伝導物質（超伝導体）に外部から磁場をかけると磁場は超伝導物質内部に侵入できないことを発見しました。現在、これは**マイスナー効果**と呼ばれます。この効果によって**超伝導体には磁石を避けようとする力が働きます。**

金属がなぜ低温で超伝導状態になるのかは長い間謎でしたが、1957年、アメリカの3人の物理学者ジョン・バーディーン、レオン・クーパー、ロバート・シュリーファーによって解明されました。この理論を彼らの名前の頭文字から**BCS理論**と呼びます。

原子は正の電荷をもった原子核のまわりにいくつかの電子をもっています。原子中の電子はそのエネルギーによって原子核をとり巻く領域が決まっていて、その領域を電子殻《でんしかく》と呼びますが、特にいちばん外側の電子殻にある電子を最外殻《さいがいかく》電子といいます（図26）。

金属は多数の原子がお互いの電子殻同士が接するように規則正しく整列しています。その結果、電子の動ける範囲が広がって最外殻電子が自由に動けるようになります。電子（−《マイナス》電荷）を失った原子は全体として正（＋）の電荷をもった陽イオンとなり、そのようなイオン間を電子が自由に動き回る（自由電子）という状態が実現され、イオンと自由電子間に働く電気的な引力で固体としての金属は結合しています。**金属に電気が流れるのは、この自由電子が移動するため**です。

さて、**金属の電気抵抗は温度を上げると大きくなる**という性質があります。これは温度上昇によって原子同士の距離が伸びたり縮んだりする振動が起こり（**格子《こうし》振動**）、金属内にある種の波が伝わり、この波によって電子の移動が妨《さまた》げられるからです。

空気中を音が伝わるとき、空気の密度が振動して、その波の変化が空間を音（音波）として伝わっていきますが、この金属内の波もそれと同じく、密度の振動が波として伝わる現象です。そして、温度を下げていくと、格子振動が小さくなり自由電子の運動をあまり妨げなくなります。

図26　金属内の電子の振る舞い（金属結合と格子振動）

電子殻

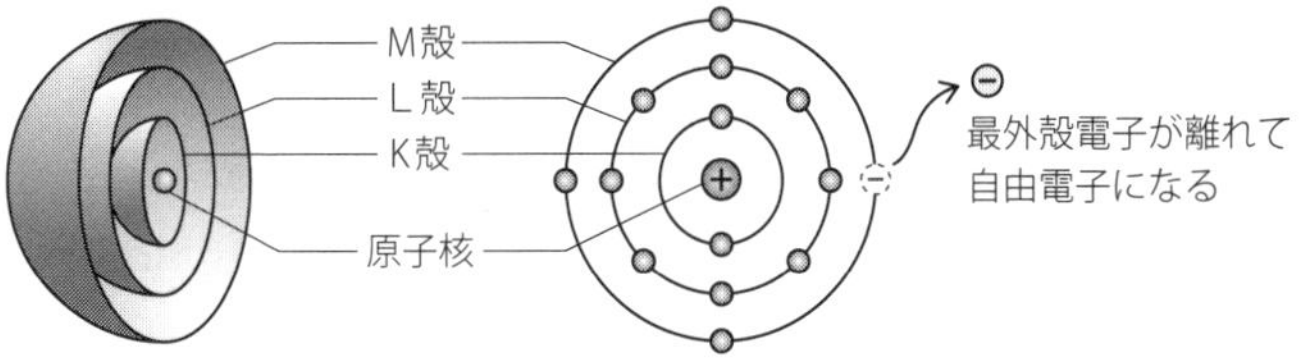

原子核をとりまく電子は電子殻に存在する

金属結合

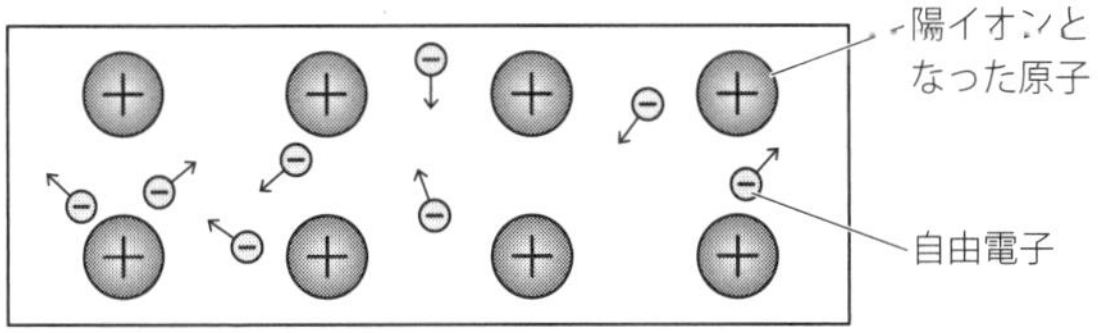

・イオンと自由電子間の引力で金属は結合し、固体となっている
・この金属に電圧をかけると自由電子が流れ、電流となる

格子振動で電気抵抗が生じる

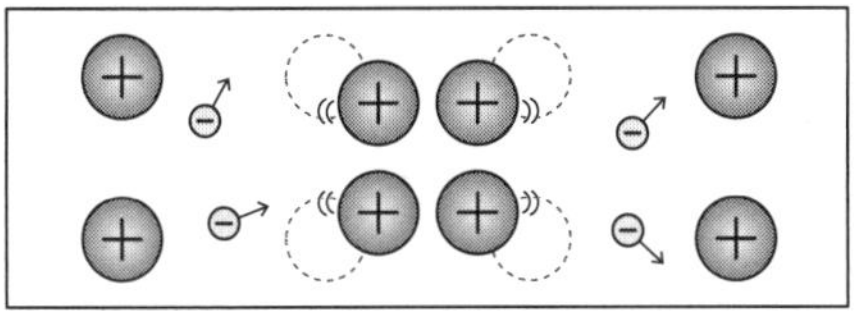

金属の温度が上昇

⬇

原子同士の距離が伸び縮みする振動が起こる。
その波で自由電子が動きにくくなる

＝

電気抵抗UP

しかしこの説明では、温度を低くすれば電気抵抗は小さくなることを説明できても、オンネスが発見した超伝導性は説明できません。絶対零度でないかぎり、格子振動は存在するので、電気抵抗は決してゼロにならないからです。

クーパー対と超伝導を量子力学で読み解く

バーディーンたちは、自由電子と格子振動の関係をより深く考え、**2つの自由電子の間に格子振動を通して弱い引力が働くことで超伝導になるしくみ**を見つけました。

格子振動をしているのは正の電荷をもったイオンです。負の電荷をもつ自由電子同士は本来反発し合います。ところが非常に低温では、イオンの正の電荷が2つの電子の間の反発力を抑えて、2つの電子を結びつける引力となるのです。くわしく見てみましょう（図27）。

正の電荷をもつイオンの中を負の電荷をもつ自由電子が通過すると、周囲の正電荷のイオンがわずかに電子に引きつけられて振動を始めます。これが格子振動です。格子とは、ここではイオンのことだと思ってください。すると今度はその格子（＋）のすぐ近くにいた別の自由電子（－）が引きつけられます。結果として、**2つの自由電子が格子振動によって引き**

図27　超伝導を引き起こす電子のペア「クーパー対」

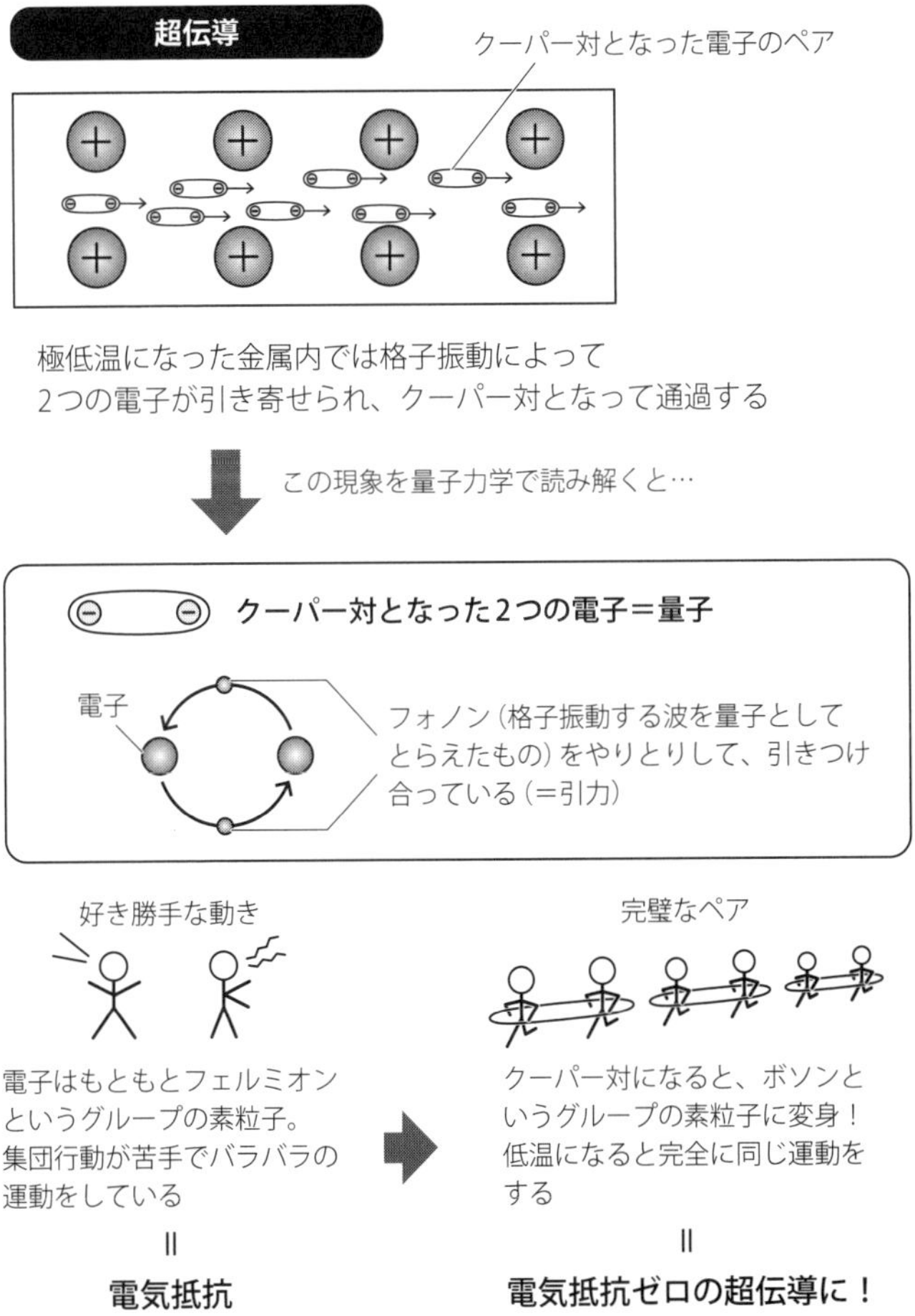
超伝導
クーパー対となった電子のペア
極低温になった金属内では格子振動によって
2つの電子が引き寄せられ、クーパー対となって通過する
この現象を量子力学で読み解くと…
クーパー対となった2つの電子＝量子
電子
フォノン（格子振動する波を量子として
とらえたもの）をやりとりして、引きつけ
合っている（＝引力）
好き勝手な動き
完璧なペア
電子はもともとフェルミオン
というグループの素粒子。
集団行動が苦手でバラバラの
運動をしている
＝
電気抵抗
クーパー対になると、ボソンと
いうグループの素粒子に変身！
低温になると完全に同じ運動を
する
＝
電気抵抗ゼロの超伝導に！

つけられて格子を通過した（＝2つの電子に引力が働いた）ように見えるのです。

そして彼らは、これを量子力学の言葉で厳密に導きました。格子の振動による波は、量子力学的には「フォノン」と呼ばれる量子が伝わることとして表されます。そして**2つの電子の間に引力が働くことは、2つの電子がフォノンをやりとりすることで引力が生まれる**と解釈されることを示したのです。

こうしてできる2つの電子のペアを「クーパー対《つい》」といいます。**クーパー対も量子**です。2つの電子がクーパー対を作ると、電子とまったく性質を変えるのです。それはこういうことです。

そもそも電子はフェルミオンとして分類される素粒子（物質の基本的な構成要素で、すべての素粒子は量子）でもあります。しかし、多数の粒子どころかたった2つの粒子ですら同じ状態になることはできません。集団行動どころか、2人ですら同じ行動がとれないワガママな性格です。そのため、金属中の自由電子も同じ運動状態になることはなく、少しずつ違った運動状態になっています。

さて、「電気抵抗がある」というのは、「電荷の運び手である電子がフォノンと衝突することで個々の電子がバラバラの運動になっていてスムーズに電子が流れない」と読み替えられます。すべての電子がまったく同じ運動をすることができれば、電気抵抗はゼロとなるのですが、フェルミオンである電子は、集団で同じ行動がとれないため、どんなに温度を下げても電気抵抗がゼロになることはありません。

ところが電子がペアを組んでクーパー対になると、フェルミオンからボソンとして分類される素粒子に変わります。

1つ1つの電子＝「フェルミオン」グループの素粒子
↓
クーパー対になった電子＝「ボソン」グループの素粒子

ボソンは低温になるとすべての粒子が完全に同じ運動状態になるという性質をもっています。電子がクーパー対になると集団行動が大好きになるのです。

このように、集まった粒子が1つにまとまって振る舞うことをボース・アインシュタイン凝縮《ぎょうしゅく》といいます。インドの物理学者サティエンドラ・ボースが指摘し、アインシュタインによって紹介されました。日常会話で「凝縮」という言葉は、バラバラだった意見をまとめるときなどに使いますが、ボース・アインシュタイン凝縮もバラバラだったクーパー対の運動が、すべて同じ運動状態に落ち着くということです。

したがって**クーパー対ができている状況にある金属を、ある温度以下に冷やすと、ボース・アインシュタイン凝縮が起こり、すべてのクーパー対が同じ運動状態となって、電流が抵抗なく流れる「超伝導」が実現する**のです。

また、ある種の超伝導体は、内部に超伝導にならない部分がありそこだけを磁場が通過するため、まるでピンでとめたように磁場中で安定に浮上するという性質をもっています。通常の磁石でも反対の極同士は反発し合いますが、実際にやってみればわかるように、どんなことをしても安定な状態でお互いを一定の位置にとどめておくことはできません。

この性質はピン止め効果と呼ばれ、**リニアモーターカーが安定に浮上できるのは、先述したマイスナー効果とこのピン止め効果のおかげ**です。

このように素晴らしい性質をもつ超伝導体ですが、この現象が通常の1気圧の下で起こるのは、１９８０年代中頃までは**「絶対温度30度程度が限界」**と考えられていました。そのため超伝導を実現するには、絶対温度４度の液体ヘリウム（希少《きしょう》な元素ヘリウムで作られる）

という高価な冷却材で冷やさなければならず、応用も限られていました。

高温超伝導フィーバーに世界中が躍る

1987年1月、一大ニュースが世界中を駆け回りました。それまでの常識では考えられないような**「高温」で超伝導を示す物質が発見された**のです。

先に述べたように、それまでの超伝導体は高価な液体ヘリウムを使って冷やす必要がありました。それに対して、液体窒素《ちっそ》は安価で利用しやすい冷却材です。

そもそも窒素は空気中に約80％も含まれていて、液化する温度も絶対温度77度（摂氏マイナス196度）と比較的高温で扱いやすいのです。この液体窒素の温度以上で超伝導となる物質があれば、その応用範囲は一気に広がることになります。そして、**このとき発見された超伝導体の温度は絶対温度93度**だったのです。

実はこの発見の布石《ふせき》ともいうべき発見が、前年の6月にありました。それはＩＢＭチューリッヒ研究所の物理学者ヨハネス・ベドノルツとアレクサンダー・ミュラーによる、**絶対温度35度で超伝導体となる物質の発見**です。温度自体は高くないのですが、その物質は金属ではなく電気を通さない「銅酸化物」という絶縁体でした。

彼らは銅と酸素からできた結晶にランタンやバリウムを注入したときの変化を調べており、その過程で注入した原子の影響で、結晶中の同原子の電子がはぎとられ、自由電子となり、絶対温度35度で超伝導となる可能性を指摘したのです。

彼らの発表の数ヵ月後には、日本のグループがマイスナー効果を確認して、実際に彼らの発見した物質が超伝導体であることを示しました。ここから、高温超伝導フィーバーと呼ばれる状態が数年間続き、世界中で競争心むき出しの競争となります。

1987年2月には絶対温度90度で超伝導となる銅酸化物が発見され、**1993年頃までには絶対温度135度が達成**され、大気圧の下での最高温度となっています。また銅酸化物以外に、鉄酸化物や硫化《りゅうか》水素などの水素の化合物といった違う素材でも超伝導が起こることが確認されており、大気圧の100万倍という超高圧では**絶対温度294度（摂氏21度）という超伝導体も発見**されています。

2023年には韓国の研究者が室圧・室温で超伝導となる物質を開発したと発表して大きなニュースになりました。本当であれば画期的な発見で、株価にも影響を与えました。しかし、世界中のグループによる追試の結果、超伝導体ではないという結論になっています。

ノーベル賞最有力若手研究者シェーンの捏造

高温超伝導は、低温核融合と同じように社会に対するインパクトが非常に強い研究ですが、やはり**研究不正スキャンダル**も起こっています。

２０００年、当時ベル研究所に勤めていたドイツ人若手物理学者ヘンドリック・シェーンはフラーレンが絶対温度52度で超伝導体となると発表しました。さらに２００１年には１１７度でも超伝導が起こることを確認し、それによって分子程度の大きさのトランジスタ作成に成功したと発表しました。

フラーレンというのは、多くの炭素原子で作られる構造物です。当時、有機物の中で最も高い温度の超伝導体であり、有機エレクトロニクスへの応用という面でも画期的な発見とされました。

これらの業績によって２００１年から２００２年にかけて、シェーンは多くの賞を受賞し、また**２００１年には8日に1本という驚異的なペースで論文を量産し、最もノーベル賞に近い若手研究者とみなされていた**のです。

しかしシェーンの論文のほころびはすぐに見つかりました。違う実験なのにデータの一部が同じだったり、実験データが残っていなかったりと、調べれば調べるほどおかしなことが明らかになり、ついに**彼の結果は捏造《ねつぞう》だったことが発覚した**のでした。

第6章

量子時代がやってくる

——量子コンピュータと暗号

コンピュータの草創期

コンピュータで計算をおこなうには、実際に計算を実行する演算装置やデータを記憶する装置などもろもろの物理的実体であるハードウェアと、どんな計算をどのようにおこなうかを指示するソフトウェア（プログラム）が必要です。プログラムを変えれば、同じハードウェアで基本的にはどんな計算もおこなうことができます。

いまではこれが当たり前ですが、初期のコンピュータはそうではありませんでした。計算手順ごとに真空管《しんくうかん》の配列を変えるような面倒なことをしていたのです。

現在普及している、このプログラムをデータとして読み込んで計算を実行するコンピュータをノイマン型コンピュータと呼んでいます。ノイマンというのは、コンピュータの発展や量子力学の数学的定式化に寄与したアメリカの数学者ジョン・フォン・ノイマンの名前に由来します。

最初の本格的なノイマン型コンピュータはＥＤＶＡＣ《エドバック》（Electric Discrete Variable Automatic Computer の略称）といい、１９４４年頃から開発が始まり、１９５１年から稼働を開始しました。本体は約6000本の真空管と約1万2000個のダイオード（整流装置）からなり、総重量は7・85トンもありました。

ノイマン型コンピュータという名前がついていますが、実際には、当時ペンシルベニア大学にいたジョン・モークリーとジョン・エッカートが開発したものです。ノイマンはその途中から計画に参加し、1945年にその開発の報告書の第一草稿を書いたのですが、それが外部に流出しました。すでにノイマンは著名な数学者としてその名を知らぬ者はなかったため、ノイマン型という名前が残ることになったのです。

ちなみにEDVACができたとき、ノイマンは「俺の次に頭のいい奴ができた」といったそうです。

スパコンでも苦手な「巡回セールスマン問題」と素因数分解

さて、ノイマンの時代からコンピュータの計算速度は平均して5年で10倍のペースで速くなり、現在に至っています。コンピュータの計算の速さは、フロップスという単位で表されます。1秒間に1回演算をおこなうと1フロップスです。

現在のスパコン、スーパーコンピュータは1エクサフロップス、すなわち1秒間に100

京《けい》（1の次に0が18個並ぶ数値：10^{18}）を目指しています。これは**日本人全員が300年間1秒に1回演算をおこなうのと同じ程度の回数**です。

その能力により、スパコンは気象予報や新薬の開発、ブラックホール同士の衝突のシミュレーションなど、さまざまな分野で必要不可欠です。しかしこの計算速度の進歩も2010年代から鈍化し、限界に達しつつあります。

また**スパコンならどんな計算も一瞬でできると思うかもしれませんが、そうでもありません。**ひとつの有名な例が「**巡回セールスマン問題**」です。これはセールスマンが複数の都市をそれぞれ一度だけ訪問して戻ってくるとき、どの順序で回ると最短距離になるかを見つけなさい、というもので、膨大な選択肢の中からベストなものを選び出す**組み合わせ最適化問題**のひとつです。

この問題を解くには、あらゆる巡回を1つ1つ実際に計算して比べればいいわけですが、都市の数をNとすると、訪問パターンは、$\frac{(N-1)!}{2}$通りになります。

（！は階乗《かいじょう》という記号で、1からNまでの連続するN個の自然数の積を示す。たとえば、4！＝4（4－1）（4－2）（4－3）＝4×3×2×1＝24）

たとえば5つの都市なら、巡回のパターンは12通りだけですぐ比べられますが、都市がその2倍の10都市になると18万1440通り、そして30都市になるとなんと10^{32}通り以上と爆発的に増えて、**現在最高のスパコンでも最短の経路を求めるには10万年以上の時間がかかります**。

また、**素因数《そいんすう》分解もスパコンは苦手**です。素因数とは、ある正の数を素数の積の形で表すことです。素数というのは1と自分自身でしか割れない数で、1、3、5、7、11……と無数にあります。たとえば15の素因数分解は3×5です。

任意の正の数に対して、素因数分解はただ一通りに決まります。15くらいなら簡単ですが、4897はどうですか？　答えは59×83です。計算機では、4897を小さい素数から割っていって59までいって初めて割り切れることがわかります。普通の人には難しいですが、スパコンなら一瞬です。

では、100桁《けた》の数を素因数分解するのはどうでしょう。スパコンといえども2週間くらいはかかります。桁数が増えると計算時間は加速度的に増えて、**600桁を超えるとなんと1億年以上**もかかってしまい、実際問題として「できない」のと同じです。

量子三兄弟――ファインマン、ドイッチェ、エヴェレット

スパコンの限界が見えてくると、より強力なコンピュータの登場が期待されます。それが量子コンピュータです。期待通りの量子コンピュータができれば、巡回セールスマン問題や素因数分解がすぐに解けることになります。巡回セールスマン問題はともかく、素因数分解ができてしまうと通信セキュリティ面では困ったことになりますが、その話は後ですることにして、まず量子コンピュータが登場する経緯から話を始めましょう。

プリンストン大学にいたアメリカの物理学者ジョン・ホイーラーは、第3章で述べた量子条件（電子は特定の値のエネルギーだけをとる）を提唱した量子力学の先駆者ボーアの弟子です。アインシュタインと共同研究をしたり、ブラックホールの名を広めたりしましたが、多くの研究者を育てたことでも知られます。

アメリカのノーベル賞物理学者リチャード・ファインマン、量子計算理論のパイオニアであるイギリスの物理学者デイヴィッド・ドイッチェ、多世界解釈を提唱したヒュー・エヴェレットなどもホイーラーに師事しました。ファインマン、ドイッチェ、エヴェレットは、い

わばホイーラーが育てた〝量子三兄弟〟でしょう。

量子力学を使った計算の可能性を最初に公式の場で指摘したのはファインマン、ということになっています。ノイマン型コンピュータの登場以来、ごく少数の物理学者が計算そのものや、より一般的な情報と物理学の関係に関心をもち始めました。

1981年に計算の物理学に関する学会が初めて開かれ、そこでファインマンは、「自然界は量子力学で支配されているから、量子力学的な計算をすべきだ」と主張しました。ただこの段階ではまだ雲をつかむような話で、量子力学でどのように計算が実行できるのか、誰も明確にはわかっていませんでした。

それを具体的に明らかにしたのが、やはりホイーラーの下で研究していたデイヴィッド・ドイッチェです。そもそもドイッチェの興味は量子コンピュータにあったわけではありません。量子力学そのもの、特に波動関数の解釈に興味をもっていました。そして、やはりホイーラーの生徒だったヒュー・エヴェレットの多世界解釈に出会うのです。

マクロの観測が重ね合わせを破壊する――コペンハーゲン解釈

次は〝量子三兄弟〟の3人目、エヴェレットの多世界解釈です。まずは、ここまでのおさらいをしておきましょう。

量子力学の主流である、ニールス・ボーアを中心とする「コペンハーゲン解釈」では次のようになっています。

- 観測していないとき、量子はとりうるあらゆる可能性（状態）の集合として波動関数によって表される
- 観測したとたん、量子は粒子として1つの状態に確定し、波動関数は一点に収縮し、ほかの可能性はすべて消えてしまう

よく考えてみると、この波動関数の収縮は、量子力学が支配するミクロの世界を観測するマクロな装置（量子力学が適用できない、原子や分子よりもはるかにサイズの大きな装置）、あるいは観測者の存在を前提としています。たとえば、電子がどこにいるかを知るために懐中電灯で光を当てる場合、懐中電灯がマクロな装置です。

このように**コペンハーゲン解釈では、観測とは、ミクロの対象物に対して量子力学が適用できないマクロな装置や観測者がおこなう「重ね合わせ状態を破壊する何らかの操作」のこと**です。

マクロな物体を対象とする物理学では、「観測対象に何らかの観測をしても、その対象自体は観測という行為によって何の変化も受けない」というのが暗黙《あんもく》の前提です。

これに対して量子のようなミクロの存在は、「観測という行為自体が対象に影響を与え、波動関数の収縮を引き起こす」のです。しかし、その具体的なメカニズムは量子力学では説明できず、単に「観測するとそうなる」といっているだけです。もちろん、「黙って計算しろ」と同じで、実用上はそれでかまいません。

「私がいる宇宙」が無数に分岐していく――エヴェレットの多世界解釈

これに対してエヴェレットは、「マクロな世界もミクロな世界の粒子からできているのだから、ミクロとマクロを区別する必要はない」と考えて、**ミクロとマクロの全体を含む波動関数**を考えました。

第1章で見た、箱の中の量子オセロの例で説明しましょう。ミクロな対象とは量子オセロ、マクロな対象とはフタを開けてそれを観測するあなたです。

コペンハーゲン解釈では、「量子オセロの状態を表す波動関数」をあなたが観測すると、表と裏の状態の重ね合わせだった波動関数がたちどころに収縮し、表あるいは裏の状態に確定するのでした。

エヴェレットの立場では、「量子オセロとあなたの状態を表す波動関数」を考えます。実際には量子はミクロの対象なので人が直接見ることはできず、何らかの観測装置が必要です。したがって観測装置の状態も含める必要がありますが、話を単純化するためにここでは無視しましょう。

コペンハーゲン解釈の波動関数＝量子オセロの状態を表す
エヴェレットの波動関数＝量子オセロとあなたの状態を表す

このエヴェレットの波動関数は、観測する前は量子オセロが表と裏の状態、そしてあなたの状態の重ね合わせです。あなたがフタを開けてオセロが表だったとき、エヴェレットは波動関数が収縮したとは考えません。そうではなく、**オセロが表だったと見ているあなたの宇宙と、裏だったと見ているあなたの宇宙がともに存在する**のです（図28）。

エヴェレットの波動関数では、観測がおこなわれた後、次の①②の両方が同等に存在するのです。

①量子オセロが表だったと見ているあなたの宇宙

図28　宇宙が枝分かれしていく多世界解釈

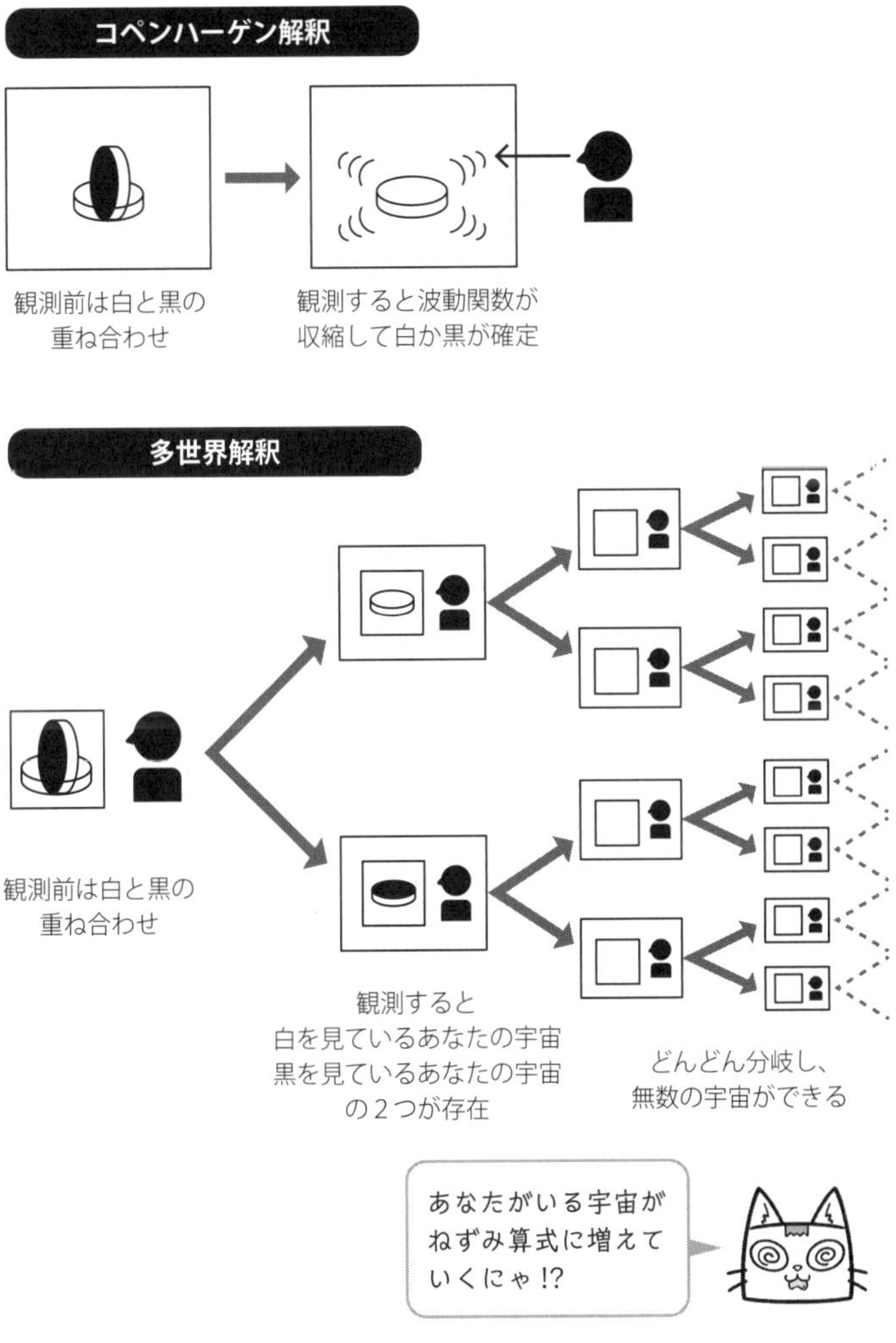

②量子オセロが裏だったと見ているあなたの宇宙

エヴェレットは量子力学の法則を観測者と観測対象の全体に素直に適用すると、**観測のたびに重ね合わせの状態が分かれて、それぞれの測定結果をもつ別の宇宙に分かれると解釈できる**ことを示したのです。測定という操作によって、この分かれた宇宙の間にはどんな関係もなく、お互いに影響を与えることもなく、違った未来を刻むことになります。

したがって、宇宙には無数の重ね合わせの状態が存在し、それを測定するたびに宇宙はどんどん分かれていって無数の宇宙が存在することになります。**無数のあなたが存在して違う人生を送っている宇宙があるのです。これが多世界解釈**です。

コペンハーゲン解釈は、波動関数では表せないマクロの世界（観測装置や観測者）を導入することで、波動関数の収縮という余分な要素が必要となるうえ、ミクロとマクロの境目はどこなのかという疑問をもたらします。

多世界解釈は、波動関数の収縮を必要とはしませんが、その代わりに無数の世界の存在を仮定するのです。

これはＳＦの「パラレルワールド」とちょっと似た概念ですが、**お互いの存在はまったく無関係で、認識することも、されることもありません。**

なお、多世界解釈の文脈でときどき出てくる「パラレルワールド（並行宇宙）」は、**われわれがいる1つの世界が分岐し、われわれがいるのと同じ世界が複数共存する**イメージです。

一方、物理学でいう「**マルチバース**（多元宇宙）」は超弦理論から発生した宇宙論で、**自然定数（重力定数やプランク定数、光速度）が異なる無数の違ったタイプの宇宙が最初からある**、というものです。マルチバースとは「ユニバース（宇宙）」のユニ（単一）をマルチ（多重、多数）に換えた造語です。この宇宙論では、われわれの宇宙はその中で、たまたま高等生命が生まれるのに都合のよい自然定数だったと考えます。つまり、**われわれとは違う生命体が生まれている宇宙も存在する**のです。

もちろん、ＳＦは創作の世界なのでこの限りではありません。面白い設定を自由に作っていいのです。

宇宙の始まりではコペンハーゲン解釈が成立しない

実際の問題を解くときには、量子力学はコペンハーゲン解釈であろうと多世界解釈であろうと、同じ結果を与えます。**多世界というのはあまりにも突飛《とっぴ》な考えなので、普通の量子力学の教科書では触れられていません。**

しかし、宇宙自体がどのように始まったのかを研究するときには、宇宙を量子力学的な存在として扱わなければなりません。現在の何百億光年と広がっている宇宙も、時間をどんどんさかのぼっていけば限りなく小さくなり、ついには原子以下の大きさに縮んでしまい、宇宙自体がミクロな存在になってしまうのです。

そのとき、**ミクロな宇宙を観測するマクロな観測者はどこにも存在せず、コペンハーゲン解釈の大前提が成り立ちません。宇宙の始まりを研究する学者の多くは、多世界解釈を支持しています。**

量子コンピュータの基礎「2進法」とは

さて最後は、〝量子三兄弟〟の2人目、ドイッチェと量子コンピュータの話です。計算と物理学に興味をもっていたホイーラーの下で、ドイッチェは多世界解釈に傾倒していきます。そして当然のなりゆきとして、量子コンピュータにたどり着くのです。

普通のコンピュータはすべての情報を、0と1のたった2つの数で表します。私たちがよく使うのは、9までが1桁、10〜99までは2桁、100〜999までは3桁という10進法です。これは1桁に0〜9までの10個の数が入ります。

図29　2進法とビット

10進法	0	1	2	3	4	5	6	7	8	9	10
2進法	0	1	10	11	100	101	110	111	1000	1001	1010

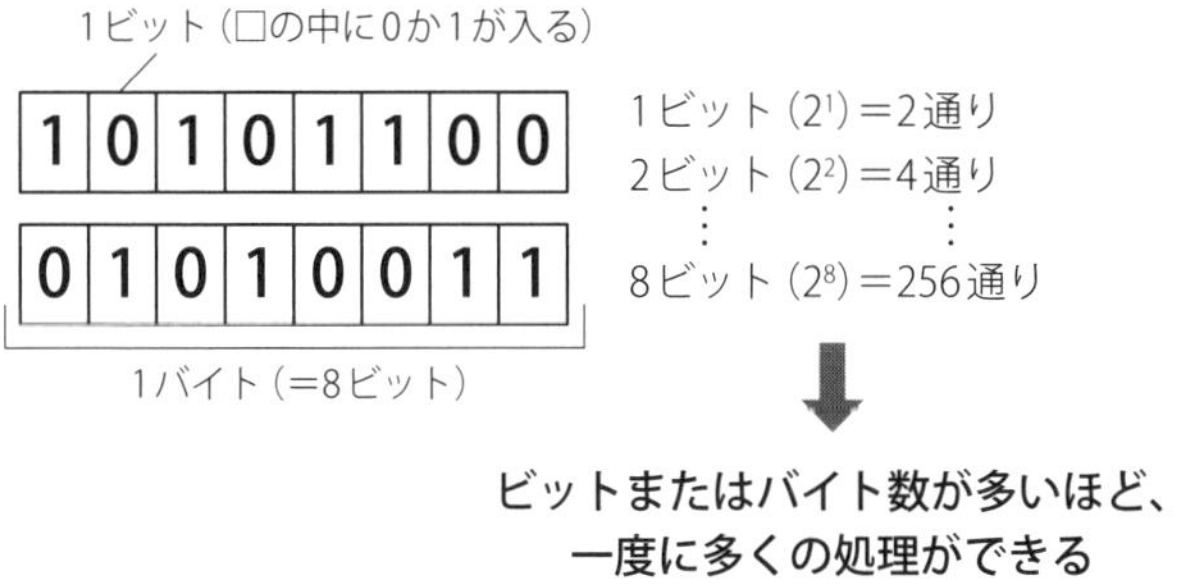

それに対して、**1桁に0と1の2つの数しか入らないのが2進法**です。したがって10進法の0と1は2進法でも0と1ですが、10進法の2と3は、2進法では10と11（読み方はそれぞれイチゼロ、イチイチ）となります。10進法の3、4、5は2進法では、それぞれ100、101、111という具合です（図29）。

2進法での足し算もできます。たとえば、10進法の1＋1＝2は、2進法では1＋1＝10となります。1桁に0と1しか入らないので、2が出てきたらもうひとつ桁をふやせばいいのです。

引き算については多少の工夫は必要ですが、2進法でも足し算や引き算ができます。**どん**

なに複雑な計算でも、大きな桁数さえいとわなければ、0と1だけの数値で事足りるのです。

2進法の1桁を1ビット（bit）といい、コンピュータで扱う情報量の最小単位です。それを８個並べた**8ビットが1バイト（byte）**です。普段の生活でも「５００メガバイトのデータ」などといいますね。

８ビットで表現できる情報は、０から２５５までの2^8＝２５６通りです。**ビット、あるいはバイト数が大きいほど、一度に多くの処理ができる**ということです。

たとえば日本のスパコン富岳《ふがく》は48個の演算コア（0と1のスイッチ）をもつＣＰＵ（演算コアやそれを制御する半導体などを1枚の基板に載せた集積回路）を16万個そなえ、1秒間に約44京２０１０兆回の計算ができます。もちろんそれだけの数を計算するには、その数を記憶しておける大容量のメモリ（記憶装置）も必要です。

コンピュータで2進法が使われるのは、０と1を、スイッチをオンにする（電流を流す）とオフにする（流さない）に対応させて単純なスイッチで表せるからです。**このスイッチを組み合わせて足し算や引き算をおこなう回路を「ゲート」**と呼び、いくつかのデータで計算をおこないます。ゲートというのは門という意味ですが、**データがゲートを通るたびに計算が進んでいく**のです。

ムーアの法則の終焉——性能アップの限界

ＣＰＵやメモリを増やせばいくらでも複雑な計算ができるかといえば、そうではありません。**半導体チップを小さくする技術が限界に達しつつあります。**

１９７５年にインテルの創始者のひとりゴードン・ムーアは、半導体チップの微細構造技術の進展によって、集積回路あたりの部品数が2年ごとに2倍になると予想しました。部品数が倍増すれば、当然、性能も向上します。これは**「ムーアの法則」**と呼ばれ、２０１０年頃まではこの法則がほぼ成り立っていましたが、その後は鈍化しています。

それは**半導体チップの大きさが原子サイズ（0・1ナノメートル＝1000万分の1ミリ）にまで近づいている**からです。限界に達する日も近く、いままでの方法ではその性能が現在のスパコンを大きく上回ることは難しいでしょう。

それでは先に述べたような巡回セールスマン問題や素因数分解ができないことになってしまいます。そのほかにも、スパコンでも歯が立たない問題は山ほどあります。そもそもファインマンが指摘したように、「ミクロの現象は、それがしたがう量子力学を使ったコンピュータでシミュレーションすべき」でしょう。

多世界宇宙の量子コンピュータが協力して計算している⁉

量子コンピュータも2進法のビットで計算します。ただしこのときの1つのビットは、量子オセロのように0または1だけではなく、**0と1の任意の重ね合わせ**です（図30）。

普通のビットを古典ビット、量子オセロのようなビットを量子ビットと呼びましょう。どちらもnビットなら、そのもてる情報量は、2^n個ですが、**一度に操作できる情報量は古典ビットが1つに対して、量子ビットは原理的には2^n個のすべて**です。

多世界解釈を思い出してください。**多世界宇宙の解釈では、nビットの量子コンピュータは、2^n個の宇宙で同時に計算をおこなっている**のです。

小さな数字でわかりやすく書きましょう。n＝3、つまり3ビットの場合、$2^3=2\times2\times2=8$となり、「111」「110」「101」「100」「011」「010」「001」「000」の8個の情報量となります。

古典ビット＝「111」「110」「101」「100」「011」「010」「001」

図30　量子コンピュータが高速計算できるわけ

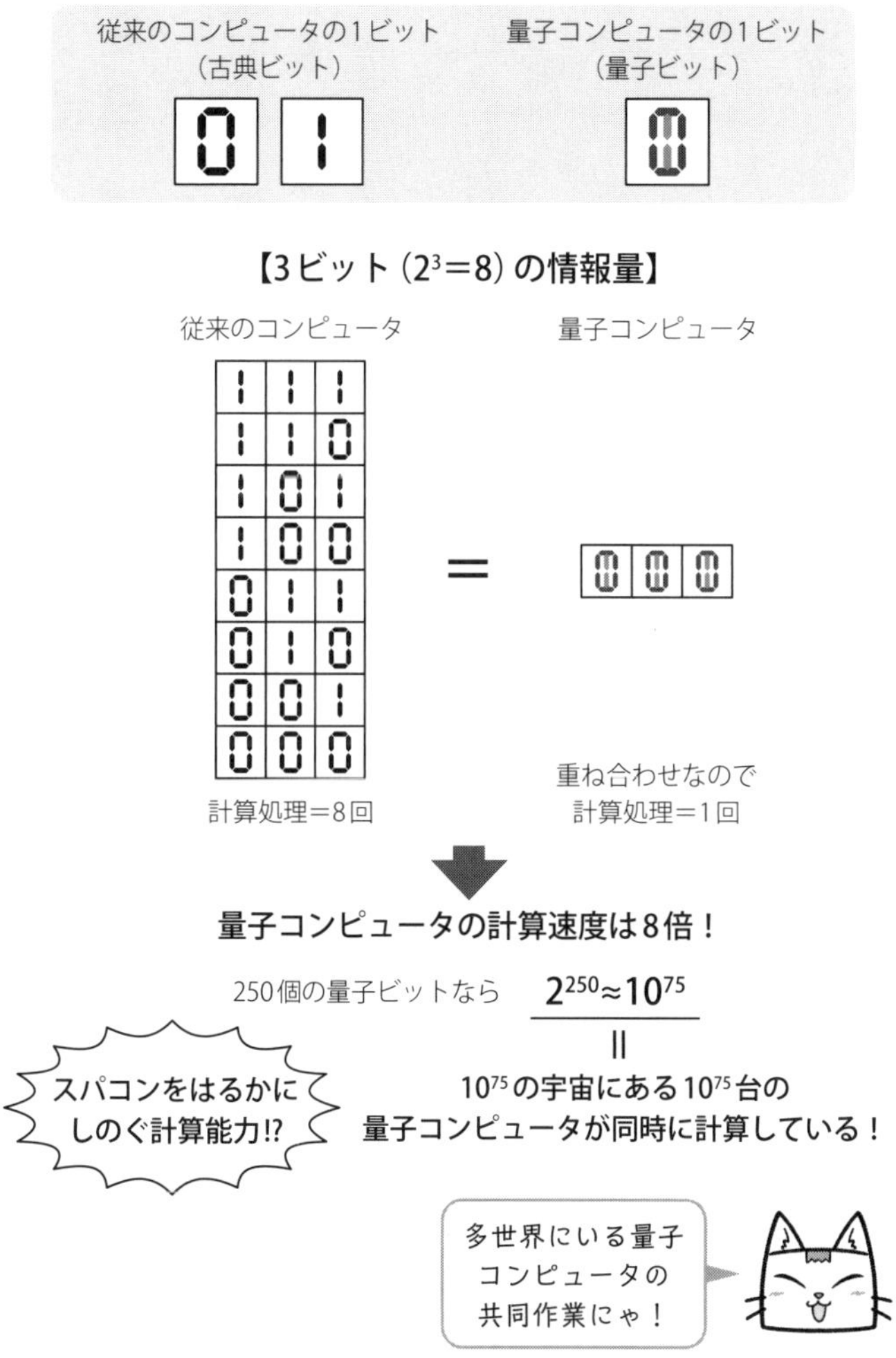

「000」のパターンすべてを作り、計算処理も8回おこなう

量子ビット＝「111」「110」「101」「100」「011」「010」「001」「000」のすべてを重ね合わせの状態で扱い、計算処理は1回おこなうだけ

古典コンピュータに比べて、量子コンピュータの計算速度は8倍です。

これが250個の量子ビットになると、$2^{250} \approx 10^{75}$の情報量となります。

（「≈」〔approximately equal：アプロクシメトリー・イコール〕は「≒」〔nearly equal：ニアリー・イコール〕と同じ「ほぼ等しい」「近似値」を表す記号）

この数は、観測できる限りの宇宙にあるすべての原子の数にも匹敵する数です。一方、先述した「巡回セールスマン問題」でいえば、たった57都市を回る計算の数でもあります。数式でいうと、このような計算になります。

$$\frac{(57-1)!}{2} \approx 3.5\times10^{74}$$

従来の方式のコンピュータでは、これをいちいち計算することはほぼ不可能です。

一方、**量子コンピュータでは、1つの宇宙では1台ですが、その同じものが10^{75}の宇宙にあって、それらが同時に計算するの**です。

ドイッチェはそう考えて、これまでのコンピュータの計算で使われていたゲートを、

- 0状態↓0状態と1状態のある重ね合わせにする（Hゲート）
- 0状態と1状態を反転する（Xゲート）

などの操作に拡張したいくつかのゲート（**量子ゲート**）を考えることで、あらゆる計算ができることを示しました。これによって、いままでのコンピュータで使っていた回路図のようなものが、量子コンピュータでも使えるようになったのです。

量子ゲートで正解の候補をざっくり絞る

ただし、おのおの宇宙で計算した結果のどれが正しいかを選ぶのは簡単ではありません。量子力学では**観測すると**1つの結果が得られるわけですが（多世界解釈では1つの宇宙が選ばれる）、**その瞬間にほかの結果はすべて消えてしまう**（多世界解釈ではほかの宇宙とのつ

ながりは消える）のでした。

すべての結果を知るには計算をくり返さなければならず、それでは、これまでのコンピュータと変わりません。実は、これが量子コンピュータの難しいところです。

しかし、**ある程度、正解の候補を絞《しぼ》る**ことができます。量子ゲートに適当な条件を設定し、大雑把《ざっぱ》な選別をしておくのです。

測定する前の重ね合わせ状態を考えてみましょう。通常、この重ね合わせはあらゆる可能な答えを同じ確率で足し合わせたものです。したがって可能な数がN個あったら、正確な答えが出てくる確率は、単に$\frac{1}{N}$となってしまいます。

しかし、**正しい答えがいくつかの条件**――たとえば大雑把な計算で「10万より大きい（または小さい）」とか、「確率がゼロになる場合が決まっている」などの条件**を満たすことがわかっていれば、それを満たすものだけに印をつけます。その印がついたもの**（または印がついていないもの）**だけ、確率をゼロにしてしまう操作をする量子ゲートに通す**のです。すると、そのゲートを通り抜けたものは、**正解の確率がゲートではじかれた数を引いた分だけ高くなる**でしょう。

たとえば、$N = 10^{10}$なら何も操作しなければ、正解の確率は１００億分の1ですが、ゲートを通った数が$\sqrt{N} = 10^5$だったら、正解はその中のどれかですから、正解の確率は

10万分の1と高くなります。

さらに正解がもっている何らかの条件があったら、その条件を満たすものだけを通す量子ゲートを追加して、より少ない数の候補にすればよいのです。

これを何回かくり返せば、徐々に正解に近づくことができます。とはいっても、数が多くなるとやはり時間がかかってしまいます。

ごく特殊な問題では、量子コンピュータが一意的に正解を出すような計算法や、問題によっては（たとえば後述する素因数分解や検索）、正解の確率だけを高くするような計算方法が開発されていますが、どんな問題にも使えるようなうまい方法は知られていません。

ということで当初、理論的な可能性以外には量子コンピュータはあまり注目されませんでした。

素因数分解を利用したＲＳＡ暗号の危機

その雰囲気が変わったのは、１９９４年にアメリカの数学者ピーター・ショアが**量子コンピュータで素因数分解をおこなう計算法（ショアのアルゴリズム）**を考案してからです。さらに１９９６年にはインド系アメリカ人の物理学者ロブ・グローバーが**量子コンピュータを**

用いた検索（未整頓のデータベースから特定のデータを取り出す問題）の方法（グローバーのアルゴリズム）を発見します。

特にショアのアルゴリズムは、素因数分解が暗号の安全性に直接かかわるので、社会的にも大きな話題となりました。

素因数分解というのは、前述した通り、与えられた数（正確には正の整数）を素数の積で表すことです。素数とは、2、3、5、7、11……のように、1とそれ自身以外で割り切れない数のことで、いわば〝数の原子〟です。

素数が無限に存在することは、すでに紀元前3世紀頃の古代ギリシャの数学者ユークリッドによって証明されています。ちなみに2024年10月に、約4100万桁にもなる素数（2の1億3627万9841乗マイナス1）が発見され、6年ぶりに最大素数の記録が更新されました。

この一見、何の役にも立たないような素因数分解が、実は現在の情報社会を裏で支えています。

たとえばインターネットで買い物をしてクレジットカードで支払いをするときのカード情報は暗号化されて送られますが、**素因数分解はこの暗号とその解読に使われている**のです。

図31　素数を使ったRSA暗号

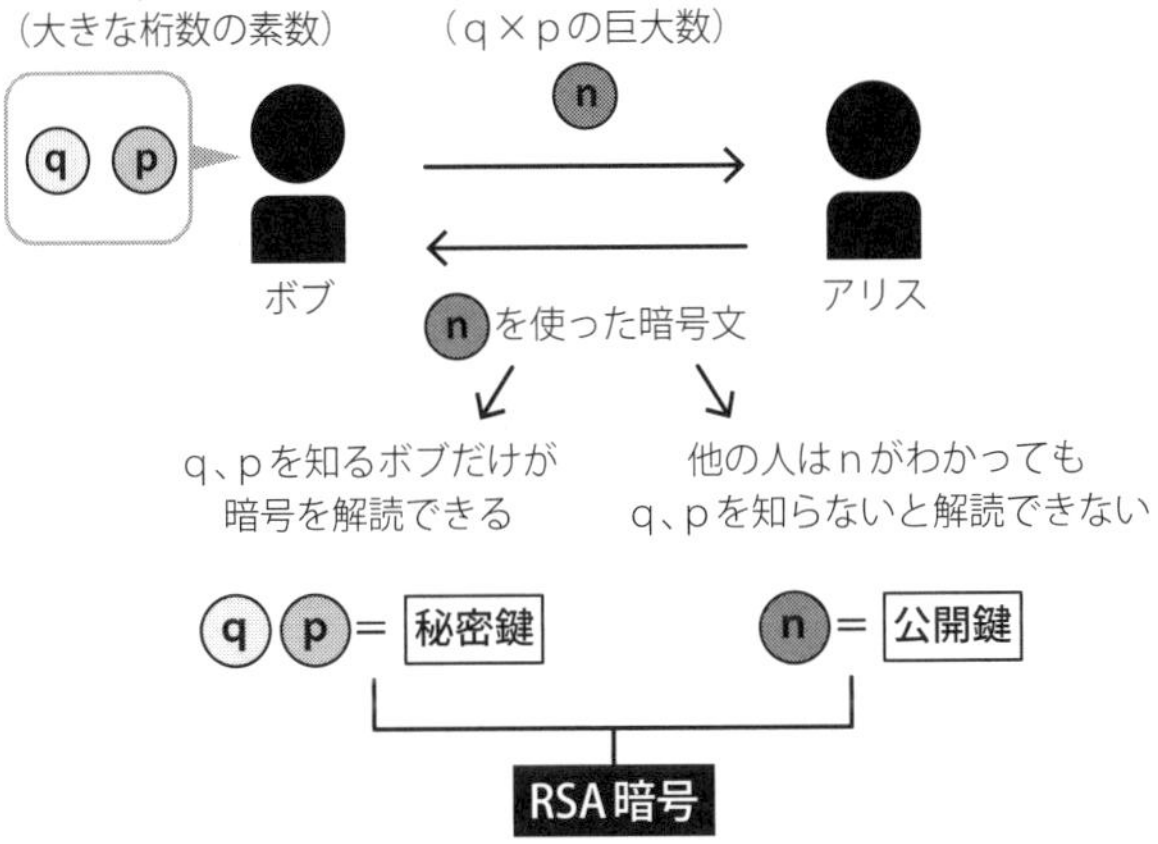

原理は、**桁数の大きな数が与えられたとき、それを素因数分解することは実際上不可能で**あるということです。

　この性質を利用して、アリスがボブにデートの場所と待ち合わせ時間を送りたいとします。そのためにボブが2つの大きな素数p、qを選んで、それらを掛け算して巨大数nを作ります（p×q＝n）。そしてその巨大数nをアリスに送っておきます（図31）。

　アリスはその巨大数nを使って、適当な方法で場所と時間を書いた文章を暗号化してボブに送ります。このときこの巨大数nは誰に知られてもかまわないので、公開鍵と呼ばれています。

　アリスの暗号文を受け取ったボブは、秘密にしておいた2つの素数p、qを使って暗号文を読むことができるのです。このときp、qはボブだけが知っているので、秘密鍵と呼ばれます。

この説明はかなり簡単化したもので実際にはもう少し複雑で数学の知識がいりますが、**要点は暗号を作る鍵とそれを解読する鍵が違う**ところです。暗号化されたクレジットカード情報（公開鍵）を支払いの過程で誰かに盗み見られても、秘密鍵がなければ解読はできません。

素因数分解を使って、このような方式の暗号理論を作ったのは、アメリカのロナルド・リベスト、アディ・シャミア、レオナルド・エーデルマンで1977年のことです。この暗号方式は彼らの名前の頭文字をとって**RSA暗号**と呼ばれていて、**現代社会の情報セキュリティを支えている**のです。

RSA暗号は大きな桁の数の素因数分解が現実的な時間ではできないことを大前提としていますから、もし量子コンピュータが何百桁もの数をたちどころに素因数分解できるとしたら、RSA暗号はすぐに解読されてしまいます。

ただしそれには先に述べたように、莫大な数の可能性の中から正解を選び出さなければなりません。1990年初め頃までは、それは一般的には難しく、したがって量子コンピュータもさほど脅威《きょうい》ではないと思われていました。

そこに現れたのが、ショアのアルゴリズムです。アルゴリズムとは正解を求める手順です。**ショアのアルゴリズムは、どんなに大きな数に対しても素因数分解を、従来の方法よりも格段に速くおこなえる手順を示した**ものです。したがって十分に大きな（多くの量子ビットをもつ）量子コンピュータがあれば、ＲＳＡ暗号が解読されてしまうことになって、このアルゴリズムの発表は世界中に衝撃を与えました。

量子暗号の時代がくる

２００１年には7量子ビットの量子コンピュータが、ショアのアルゴリズムによって、15の素因数分解に成功しています。15の因数分解は簡単なので、それ自体は驚くに値しませんが、**ショアのアルゴリズムを使って量子計算（量子ゲートを使った計算）が実際に可能**であることを示したことが重要です。

素因数分解による暗号の安全性のためには３００桁以上の数を使うことが推奨されており、現在の量子コンピュータでは21の素因数分解ができる程度ですから、まだまだＲＳＡ暗号が破られる心配はありません。が、量子コンピュータの研究は日進月歩で進んでいます。そう遠くない将来にはＲＳＡ暗号は無力になるかもしれません。

それまでに新たな暗号化技術の開発が求められています。それが**量子暗号**です。これまで見てきたように、「観測したとたんに重ね合わせ状態が壊れる」という量子力学の特徴を使った絶対盗聴不可能な暗号です。

ＲＳＡ暗号の安全性を脅《おびや》かすのも、究極の暗号技術を作るのも、ともに量子力学のテクノロジーです。まさに量子の時代が到来しているのです。

「組み合わせ最適化問題」向きの量子アニーリング方式

ここまで説明してきた量子コンピュータは「量子ゲート」方式と呼ばれるもので、計算方式としてはいままでのコンピュータの直接的な拡張であり、原理的にはどんな計算も可能です。かつては量子コンピュータといえば、この量子ゲート方式を指しました。

これに対して、２００７年にカナダのD-Wave社が、１９９８年に日本の門脇《かどわき》正史《ただし》と西《にし》森秀稔《もりひでとし》によって提案された**「量子アニーリング」という新しい方法を使った量子コンピュータ**を実用化しました。

アニーリングというのは「焼きなまし」という金属の熱処理方法の技術で、金属をいったん加熱した後に冷やすことで、素材の組織が自然に均一化する現象です。一般にある系（システム）が安定でいられる状態はいくつか存在し、そのそれぞれがあるエネルギーをもっています。そしてよりエネルギーの低い状態がより安定になっています（第2章で述べたボーアの原子模型でも、いちばんエネルギーの低い軌道は安定して電子が存在できる、となっていましたね）。

そこで、ある安定な状態になっていた系の温度を上げていったん不安定な状態にしておいて、その後温度を徐々に下げることによって、前よりもより低く、より安定なエネルギー状態に移行させることができます。

これを量子力学に応用したのが「量子アニーリング」です。

この量子アニーリングは、巡回セールスマン問題のような**膨大な選択肢の中からベストなものを選び出す問題（組み合わせ最適化問題）を解くために考えられた方法**です。

たとえば巡回セールスマン問題なら、すべての都市を一度ずつ訪問して戻ってくるときの距離の値は、回る順序によって違いますが、あるひとつの式で表されます。この式を適当に読み替えると、物理学でよく知られた磁石の量子力学的モデル（イジングモデル）のエネルギーと似た形になるのです（厳密にいえば少し違う）。

この量子力学的モデルは磁石をミクロな磁石の集合体として扱いますが、このミクロな磁石とは上方向と下方向の向きをもった電子のことです。ここではミクロ磁石と呼びましょう。温度が高いときは、これらのミクロ磁石の向きは上向きと下向きの重ね合わせになっていますが、温度が下がるとすべての向きが揃って、全体が磁石になります。**温度を上げて、その後冷ますとマクロな磁石になるところが、焼きなましに似て**いて、同じような式で書けるのです。

つまり、組み合わせ最適化問題をこの量子力学的なモデルに置き換えて解くのが量子アニーリング方式です。

量子コンピュータの現状①量子ビットに何を使うか

現在、量子コンピュータは量子ゲート方式と量子アニーリング方式の2タイプに大別されます。量子ゲート方式の量子コンピュータは汎用《はんよう》的な計算に対応する万能型です。

一方、量子アニーリング方式の量子コンピュータは、磁石の量子力学的モデルに置き換えられるような最適化問題に特化していて、万能ではなく、まだ簡単な問題にしか適用できていません。また、従来のコンピュータより計算速度が速くなるかどうかもよくわかっていません。

【量子コンピュータの二大方式】
量子ゲート方式＝万能型
量子アニーリング方式＝組み合わせ最適化問題に特化

そのため、ＩＢＭやグーグルなど大手企業は、万能型の量子ゲート方式の量子コンピュータを開発しています。しかし量子ゲート方式にも、まだ克服《こくふく》すべき多くの問題が残っています。

まず量子ビットが量子コンピュータの基本要素ですが、そもそも**量子ビットとして何を使うのがいちばんいいのかはまだわかっていません。**量子ビットとは0と1、あるいはオンとオフのような2つの状態の任意の重ね合わせを、状態（可能性）としてもつものでした。さまざまなグループが独自の量子ビットを採用しています。２つほど紹介しましょう。

⑴さまざまなタイプの量子ビットの中で、開発が進んでいるのは**超伝導回路方式**と呼ばれるものです。そのひとつは超低温に冷やして電気抵抗をゼロにしたリングに、適当に磁場をかけてリングに左回りか右回りの電流を流すことで、0と1に対応させるやり方です。

この方法はすでに確立された方法なので、比較的容易であり、小さくすることで集積化しやすい一方、次項で述べる重ね合わせ状態を壊してしまうデコヒーレンスを起こしやすく、絶対零度《れいど》近くまで冷やすので冷凍機が必要で装置全体が大きくなってしまいます。

⑵近年注目を集めているのが**光方式**で、光子を量子ビットとして用いる方法です。光子は進行方向に垂直な電場と磁場の振動とみなせますが、その振動方向は適当な方向に対して縦向きと横向きの状態があって、一般にはそれらの状態が重ね合わされています（図21上を参照）。したがって、たとえば縦向きを0、横向きを1とみなせば、そのまま量子ビットとして使えるのです。

この光子を量子ビットにする利点は、重ね合わせの状態が自然にできているのでデコヒーレンスを起こしにくいことや、極低温に装置を冷やす必要がないため扱いが比較的容易なことなどがあげられます。ただし光子同士は非常に相互作用が弱いため、あらゆる種類の演算を光量子ビットでうまくおこなえるかなどの難点も抱《かか》えています。

これらのほかにも、**冷却原子方式**、**イオントラップ方式**、**シリコン方式**などが提案され、実際に量子ビットとして試験的に使われています。いずれの方式の研究も進んでいますが、どれがいちばん有望なのかについてはまだ答えが出ていません。

量子コンピュータの現状②
実用化にはエラー訂正の技術発展が必要

次に問題なのは、**いかに量子ビットを安定に働かせるか**ということです。一般に量子力学的な状態の重ね合わせは、外界からの影響ですぐ壊れてしまいます。量子重ね合わせが壊れる**デコヒーレンス（修復不可能性）**は、量子ビットが多くなればなるほど、少しの異常で起こってしまいます。

そのため超伝導方式などを採用する量子コンピュータは、外部からの影響を遮断《しゃだん》するために極低温状態にしておかなければなりません。極低温状態とは、電気抵抗のない状態、つまり超伝導状態にするということで、絶対零度（摂氏マイナス２７３度。原子や分子の運動が止まる状態の温度）レベルの環境が目指されます。

それでも量子ゲートは外部のノイズに非常に弱く、エラー（誤り）が発生することがあります。従来のコンピュータでも「0」が「1」になったり、「1」が「0」になるエラーが起こりますが、これを補正するのは比較的簡単で、次のようにします。

本来1つの古典ビットをコピーして3つの同じ古典ビットを用意します。あるゲートを通り抜けたとき「0」だとすると、エラーがなければ3つともすべて「0」です。が、エラーが起こるとそのうちの1つが「1」になるでしょう（2つ同時にエラーが起こる確率は低いとする）。したがって**古典ビットではエラーが起こっても、3つのうち2つが「0」だったら、多数決で正解は0とすればよい**のです。

量子ビットの場合はそう単純ではありません。エラーには「0」が「1」になるような場合だけでなく、重ね合わせ状態が変わってしまう（「0」状態と「1」状態の割合が変わる）ことも起こります。

さらに古典ビットとは違って、**量子ビットはコピーできない**のです。これを**量子クローニング禁止定理といい、コピーをしようとすると元の状態が破壊されてしまう**のです。そもそもコピーができるのなら、量子テレポーテーションなど考える必要はありません。

量子の世界では状態を複製することは、原理的にできないのです。これは量子の世界の法則です。したがって従来のコンピュータのように、1つ1つの量子ビットに同じ複数の量子ビットを用意しておくわけにはいかないのです。

そのようなわけで、単に量子ビットを増やすだけではエラーを訂正できません。コピーはできませんが、**元の量子ビットと量子もつれにある量子ビットを複数個用意して、2つずつの関係を測定することで、エラーを訂正する方法**が提案されています。この場合は3つの量子ビットでは完全に補正できず、最低5個の量子ビットを用意しなければなりません。

エラー訂正の方法は量子ゲートとして物理的にどんなものを使うかにもよりますが、量子ビットを増やしても量子もつれ状態にすることには変わりありません。**量子ビットが増えれば増えるほど、さらにそれらの量子もつれ状態はどんどんノイズに弱くなるので、現状の量子コンピュータでは実現されていません。**

エラー訂正も備えた**実用的な量子コンピュータでは100万量子ビットが必要**と予想されています。IBMは2023年に1121量子ビット、2025年に4000量子ビット以上を目指しています。そのほかにもグーグルや日本企業をはじめ世界中で開発競争がおこなわれています。

第7章

ブラックホールを量子力学で解き明かす

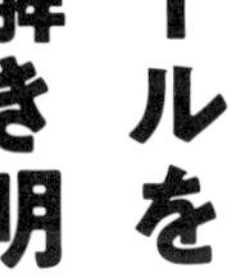

21世紀になって、これまで無関係と思われていた量子力学と重力に深い関係があることがわかってきました。この研究は現在進行形で完成したわけではありませんが、**私たちはいま新しい物理学の出現を見ようとしている**のかもしれません。

そこでここでは量子力学と重力の関係を見ていきましょう。この関係の第一歩は、ブラックホールと量子力学の関係です。ブラックホールは重力の問題を考えるのにうってつけの場なのです。

相対性理論で考えるブラックホール——空間自体が落下する

ブラックホールとは非常に重力が強く、光ですらその内部から逃げ出すことができない時空の領域です。ここで時空という言葉が出てきましたが、これは相対性理論でおなじみの言葉です。時間と空間は明らかに違うものですが、**相対性理論では時間と空間（3次元）を別々のものとは考えず、2つを合わせて4次元時空とみなします。**

さて、太陽の30倍程度の質量をもった星は、その最後に超新星と呼ばれる大爆発を起こします。その過程で、中心部の鉄のかたまりが中心に向かって際限なく潰れていくと、重力が強くなってブラックホールとなります。

図32　すべてを吸い込むブラックホールの構造

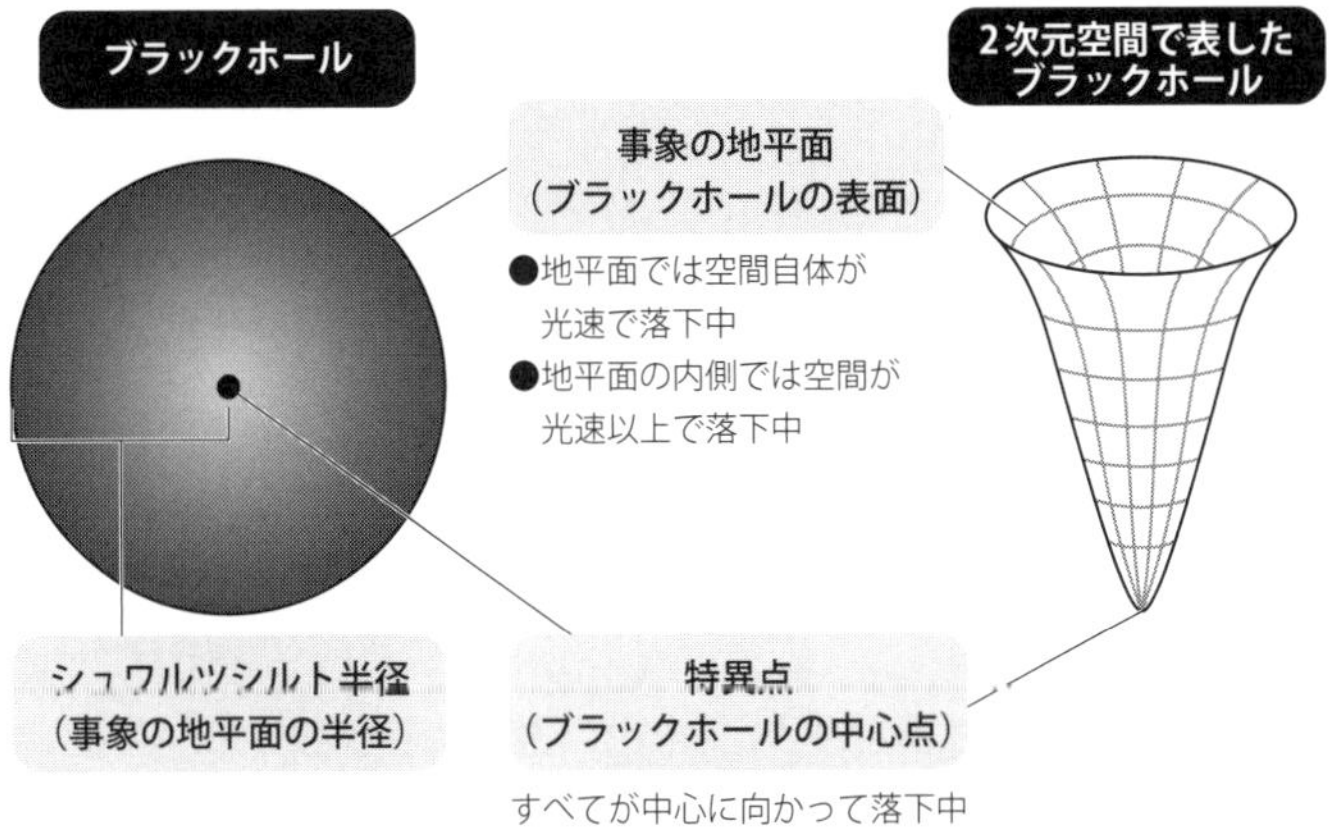
ブラックホール
2次元空間で表した
ブラックホール
事象の地平面
（ブラックホールの表面）
●地平面では空間自体が
光速で落下中
●地平面の内側では空間が
光速以上で落下中
シュワルツシルト半径
（事象の地平面の半径）
特異点
（ブラックホールの中心点）
すべてが中心に向かって落下中

ブラックホールの表面（**事象の地平面**）では、重力がない無限遠方から見ると、外向きの光（ブラックホールから外に進もうとする光）の速度がゼロ、つまり、外向きには進めません（図32）。

一方、ブラックホールの表面の内側では、外向きに出した光ですら内向きに進みます。どんな物体も光の速度を超えることはないので、ブラックホールに飲み込まれた物体はその中で止まることすらできず、中心に向かって際限なく落下していくのです。

このことを**一般相対性理論では、ブラックホールの表面では空間自体が光速度で落下し、その内部では光速上の速度で落下していると**考えます。光は空間に対して常に一定の速度（秒速約30万キロ）で進むため、表面では外向きに出した光はそこで止まって見え、内側では外向きに出した光は内向きに進むのです。

したがってブラックホールに落下するどんなものも中心に向かって際限なく落下し、密度が無限大となり、時空の概念そのものが破綻《はたん》します。この状況を**特異点**と呼びます。

1964年、イギリスの数学者ロジャー・ペンローズは、重力の源《みなもと》になる物質のエネルギーが正であるという条件などが成り立つなら、ブラックホールの内部には必ず特異点が出現することを証明しました。

普通の私たちが知っている物質のエネルギー、たとえば質量とか運動エネルギーはすべて正なので、この条件はほとんど当たり前の条件です。要するに**私たちが知っている物質が潰れてブラックホールができれば、その中心には特異点があることが証明された**のです。

太陽の100億倍の超大質量ブラックホールもいる

このようなブラックホールはどんな複雑な天体なのかと思うでしょうが、実は非常に単純な性質しかもっていません。**その性質とは質量、角《かく》運動量、電荷の3つ**です。このことをブラックホールの「無毛定理」（ホイーラーの言葉による）と呼んでいます。

角運動量は、どれだけ勢いよく回転しているかを表す量です。天体はほとんどの場合、正の電荷をもった陽子と負の電荷をもった電子が同じ数だけ含まれているので、全体としての電荷はゼロとなります。したがって、実際に宇宙に存在する**ブラックホールは質量と角運動量しかもっていない**と考えられています。

ここでは単純化のため、質量だけをもったブラックホールを考えます。このようなブラックホールは最初に、重力の法則である一般相対性理論の基礎方程式（アインシュタイン方程式）を解いて見つけた人の名前にちなんで「シュワルツシルト・ブラックホール」と呼びます。

シュワルツシルト・ブラックホールは、質量でその大きさが決まり、質量に対して非常に小さな半径（シュワルツシルト半径）をもっています。たとえば**太陽質量程度の質量のブラックホールでは、その半径はたったの3キロ**で、この半径以下になるとブラックホールになるのです。太陽の半径は約70万キロなので、質量をそのままにして大きさを230万分の1に縮めるとブラックホールになります。

このような不思議な天体が実際に存在することは、1960年代から明らかになっています。大きな質量の星の爆発でできるブラックホールの質量は太陽質量の10倍程度ですが、私たちの銀河系の中心には太陽の約400万倍のブラックホールが存在することもわかっています。

それどころか、**太陽質量の100億倍程度の超大質量のブラックホールも存在する**ことがわかっています。このような超大質量のブラックホールでも、そのシュワルツシルト半径は小さく、300億キロ程度となります。太陽系のいちばん外側の惑星である海王星は太陽から約45億キロ（0・000475光年）ですから、それの6倍程度ということになります。

似ている2つの物理法則
——ブラックホールの表面積増大の法則とエントロピー増大の法則

ブラックホールの時空の構造は一般相対性理論で表され、ある意味、非常に簡単な構造をしています。そしてとても簡単な法則にしたがいます。そのひとつの法則は、**表面積増大の法則**と呼ばれ、ブラックホールの合体など**どんな状況を考えても、その表面積は減少しない**というものです。この法則から、ブラックホールは合体することはあっても決して分裂《ぶんれつ》しないことが導かれます。

この法則は、基本的には重力が引力であることから導かれます。普通の物理法則は、たとえばA＝Bという方程式で表されますが、この法則はS≧0という不等式で表されます（S

は表面積)。

このことは、**この法則は本当の基本的な自然法則でないこと、いい換えれば何らかの条件の下でのみ成立する法則**であることを示唆《しさ》しています。

そして、**物理学の中には、もうひとつだけ不等式で表される法則があります。**それは**熱力学第二法則**、あるいは**エントロピー増大の法則**と呼ばれるものです。

熱力学とは、熱の移動やそれに伴う仕事を研究する物理学の分野です。たとえば燃料を燃やして仕事をするときの効率（どれだけ燃料を燃やしたら、どれだけ仕事ができるのか）を追求したり、氷から水に、水から水蒸気になるときの状態の変化を調べたりと、日常生活に密接に結びついています。冷蔵庫やエアコンの原理も熱力学で説明できます。

熱の本質は物質を構成する原子や分子のようなミクロな粒子の運動ですが、熱力学はミクロの知識を一切使用せず、圧力、体積、温度のような私たちの感覚で理解できる量（マクロな物理量）だけを使って研究することが大きな特徴です。

もちろんマクロな物理量とミクロの粒子の間の関係を調べることも大事で、そういう分野を統計力学といい、二つを一緒にした熱統計力学という言葉もあります。

その熱力学の代表的な法則が第二法則です。これは熱の移動に関する法則で、一言でいえば**「熱は熱いところから冷たいところに流れる」**という当たり前のことを表したものです。当たり前なのですが、後で述べるように**実はマクロとミクロをつなぐ大事な法則**です。

ちなみに第一法則というのもあって、それは状態が変化してもエネルギーは変化しないというものです。

さて、エントロピーとは何かは後述しますが、ここでは**「エネルギーの使いやすさ」、あるいは「エネルギーの質」を表す指標**だととらえてください。

たとえば日常的な例で、この「エネルギーの質」を説明しましょう。熱を通さない容器に入った水を考えます。1つめの容器には温度が50度の湯を1キログラム入れます。2つめの容器は真ん中に熱を通さない壁で仕切って、500グラムずつの90度の熱い湯と10度の冷たい水に分けた状態を作ります（図33）。

この2つの状態は同じエネルギーをもっていますが（厳密には温度によって水の比熱《ひねつ》〔物質1グラムの温度を摂氏1度上げるのに必要な熱量〕がわずかに違うので、同じエネルギーではありませんが、ここではそうだとして話をします）、決定的な違いがあります。

1つめの状態では、容器中に何の変化も起こりません。容器の中の湯が自然に高温の湯と低温の水に分かれることは決してありません。一方、2つめの状態は中の壁を取り去ると熱

図33　エントロピー増大の法則

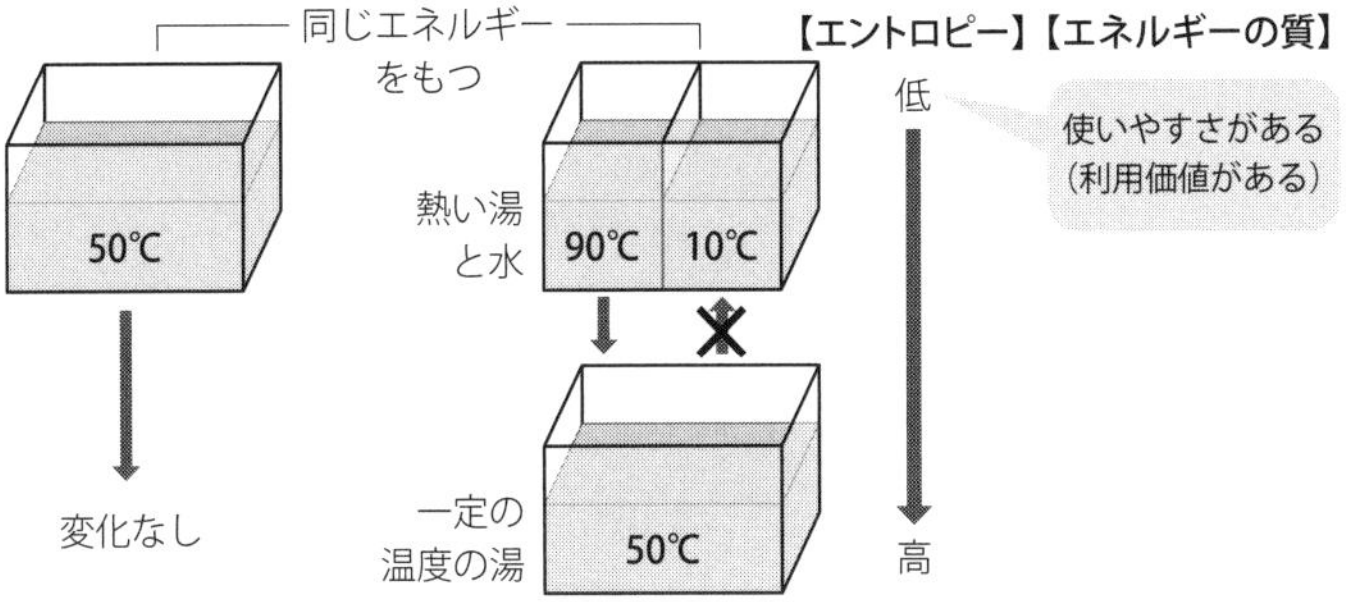

エントロピーは低い状態から高い状態へと変化する
＝
熱は熱いものから冷たいものへと移動する（熱力学の第二法則）

い湯と水が混ざり合い、しばらく経つと1つめの状態になるでしょう。

要するに、**エネルギーが同じであっても変化が起こる場合と起こらない場合があるとい**うことです。このことを熱力学では、熱をもった状態はエネルギー以外に、エントロピーという量ももっていて、**状態は必ずエントロピーの低い状態（熱い湯と水に分かれている状態）からエントロピーの高い状態（一定温度の湯）に変化する**というのです。

たとえば熱い湯と冷たい水が混ざり合う過程の水の運動を使って、何かを動かすことができるでしょう。いい換えれば、エントロピーの低い状態は、何かに利用できるということです。同じエネルギーをもった状態でも

エントロピーの低い状態の方が利用価値があるのです。この意味で、エントロピーとはエネルギーの質のようなものです。

重力と熱力学というまったく違った分野において不等号で表される法則「ブラックホールの表面積増大の法則」と「エントロピー増大の法則」の間には、似ているという以上に何らかの本質的な関係があるのでしょうか。

エントロピーの正体は「マクロ状態に対応するミクロ状態の数」

ブラックホールの表面積増大の法則とエントロピー増大の法則の類似性を突き詰めて、**ブラックホールが実際にエントロピーをもつ**と考えたのが、イスラエルの物理学者ヤコブ・ベッケンシュタインで、1972年頃のことです。そしてこのブラックホールがエントロピーをもつという発想こそが、一般相対性理論を超える重力の本当の正体、そして時空そのものの正体解明の第一歩でした。それについては次章で解説します。

ベッケンシュタインの考えを理解するために、エントロピーの意味を、もう一度水で考えてみましょう。

熱力学はマクロな現象のみを取り扱いますが、私たちは**水というのは、**目には見えないが**莫大な数のミクロの水分子の集まり**であると知っています。水分子は絶え間なく運動していますが、**マクロな熱力学の現象は、個々のミクロの水分子の運動から説明するべきもの**です。たとえば私たちが感じる温度とは、個々の水分子の運動エネルギーを平均したものです。

【マクロ】　　　【ミクロ】

水　　＝　莫大な水分子の集まり

熱力学の現象　＝　水分子の運動で説明

温度のように、個々の水分子の運動を指定することなしに、その平均的な量で表した状態を「マクロの状態量」と呼びます。エントロピーもマクロの状態量です。**マクロの状態量で表される状態を「マクロの状態」**と呼びます。

では、エントロピーはミクロの状態からはどのように説明されるのでしょうか。

それを説明するには、「マクロの状態」に対して、「ミクロの状態」を考える必要があります。**「ミクロの状態」とは、水分子1個1個の状態を指定することで、全体の状態を表したもの**です。したがって1個以外のすべての水分子の運動が同じでも、それは2つの違う「ミクロの状態」ということになります。ほんの1滴の水の中にも、10の23乗個程度の水分子が含まれていますから、**1滴の水を表すミクロの状態の数は想像を絶する莫大な数**になります。

数が多すぎると面倒なので、ミクロの状態とマクロの状態の対応を、豆電球を使った簡単な例で説明しましょう（図34）。

10個の豆電球を集めて1つの大きな明かりを作ります。この明かりが10個の豆電球からできていることがわからないくらい、遠くから見ることとします。この明かりの「マクロの状態」とは、それがどのくらい明るいか、すなわち10個の豆電球のうち何個点いているかです。したがって**マクロの状態の数は、何も点いていない状態から10個全部点いている状態まで、つまり11**です。

一方で**ミクロの状態とは、**どの豆電球が点いているかをそれぞれ指定して決める状態で、**全部で2^{10}個、つまり１０２４**の状態があることになります。

マクロの状態に対応するミクロの状態の例を、いくつか見てみましょう。明かりが何も点いていない真っ暗な状態は、ミクロでいえば10個全部消えている状態ですからミクロの状態

図34　エントロピーの正体

豆電球で考えるマクロとミクロの状態

（10個の豆電球の点き方で考える）

マクロの状態の数	ミクロの状態の数	
1▶真っ暗	豆電球0個＝1	起こりにくい ＝**エントロピーは低い**
2▶1個の豆電球の明かり	豆電球10個のうちどれか1個＝10	
3▶2個の豆電球の明かり	豆電球10個のうち2個＝45	
4▶3個の豆電球の明かり	豆電球10個のうち3個＝120	
5▶4個の豆電球の明かり	豆電球10個のうち4個＝210	
6▶5個の豆電球の明かり	豆電球10個のうち5個＝252	いちばん起こりやすい ＝**エントロピーが最も高い**
⋮	⋮	
11▶10個の豆電球の明かり	豆電球10個＝1	起こりにくい ＝**エントロピーは低い**
マクロの状態の合計数＝11	**ミクロの状態の合計数＝1024**	

エントロピー＝マクロの状態に対するミクロの状態の数

条件が1つの方がエントロピーは高い

湯と水の例で再考してみる

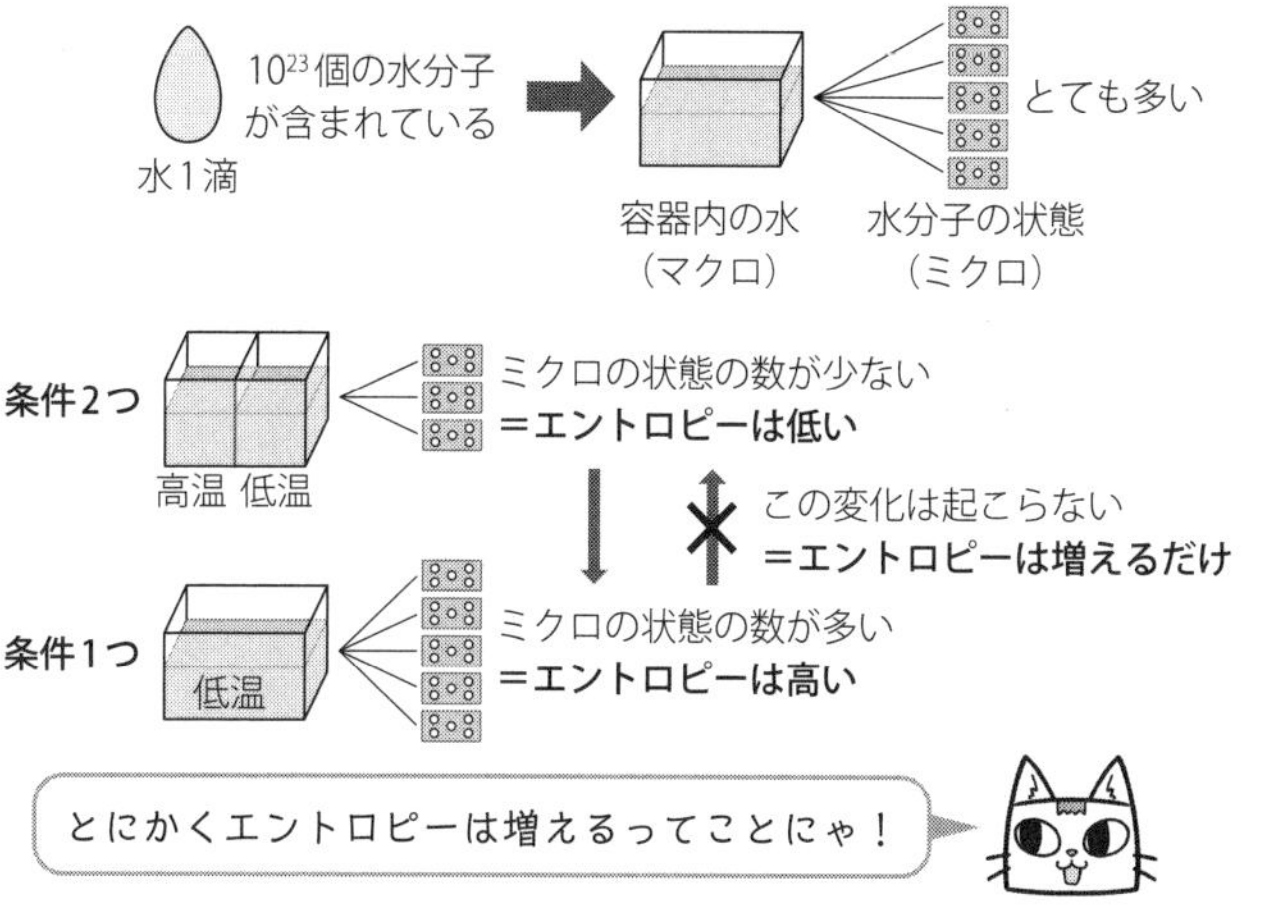
10^{23}個の水分子が含まれている
水1滴
とても多い
容器内の水（マクロ）
水分子の状態（ミクロ）
条件2つ
高温 低温
ミクロの状態の数が少ない
＝エントロピーは低い
この変化は起こらない
＝エントロピーは増えるだけ
条件1つ
低温
ミクロの状態の数が多い
＝エントロピーは高い
とにかくエントロピーは増えるってことにゃ！

は1です。

1個の豆電球の明るさのマクロの状態に対応するミクロの状態は、10個のうちのどれか1つが点いている状態なので、10のミクロの状態が対応します。

2個の豆電球分の明るさのマクロの状態は、10個の豆電球からどの2つを選ぶかということなのでミクロは45、3個の豆電球分の明るさのマクロの状態は、10個から3つを選ぶので120のミクロの状態が対応します。

マクロの状態に対応するミクロの状態の数は、5個の豆電球の明るさのときが最大になって252となり、それ以降はだんだんと減っていちばん明るいマクロ状態に対応するのは、すべての豆電球が点いている1つのミクロの状態ということになります。

豆電球が10個ならこの程度ですが、これが20個になるとマクロの状態は21になるだけですが、ミクロの状態の総数は約100万にも増えてしまいます。


さて、この明かりのマクロの状態のエントロピーとミクロの状態をどのように結びつけるのでしょう。そのために10個の豆電球それぞれが、任意のタイミングで点いたり消えたりする状況を考えます。

遠くから見ると、暗くなったり明るくなったりしています。ながめているとパッと消えたりすることもあるでしょうし、とても明るく輝くときもあるでしょうが、それは稀《まれ》です。なぜかといえば、1024あるミクロの状態のうち、全部消えた状態といちばん明るい状態はたった2つだけだからです。中くらいの明るさのマクロ状態から、真っ暗なマクロ状態あるいはいちばん明るいマクロ状態へ移行することはあまり起こらないでしょう。

逆に、真っ暗な状態あるいはいちばん明るい状態がいったん実現されると、それ以降は中くらいの明るさのマクロ状態へ移行するでしょう。その理由は、5個の豆電球が点いているミクロの状態の数が252といちばん多いからです。

そこで、マクロの状態のエントロピーとは対応するミクロの状態の数とすれば、**5個の豆電球が点いているときが最もエントロピーが高い**ということになります。そして、ミクロの状態が少ない真っ暗なマクロの状態、またはいちばん明るいマクロの状態へ移行することは稀で、中くらいのマクロの状態へ移行することが多いことから、**マクロの状態はエントロピーの高い状態へ変化する**、となります（正確にはマクロな状態のエントロピーとは、対応するミクロの状態の数の対数に比例します）。

マクロの状態に対応するミクロの状態の数、これがエントロピーの正体です。いまの例ではたった10個の豆電球なので5分も見ていれば、エントロピーが減少する変化（真っ暗になる、あるいはいちばん明るくなる）も起こります。しかしミクロの粒子の数（いまの例では豆電球）が多くなればなるほど、エントロピーが減る変化は起こりにくくなるでしょう。

先ほどの湯の例でいえば、ほんの1滴の水滴にも、10の23乗個の水分子が含まれていますから、そのミクロの状態の数は想像もつかないほど大きくなります。**ミクロの状態の数が膨大な場合、エントロピーが減るようなマクロの変化は決して起こらない**のです。物理法則で禁止されているわけではなく、統計的にほとんど確実に起こらないということです。これがエントロピー増大の法則の意味です。

湯と水の例で再度考えてみましょう。

ある温度が一定の湯の状態のエントロピーと、高温と低温に分かれた状態のエントロピーを比べるということは、「1つの条件（この場合は温度）で決まるマクロの状態」と「2つの条件で決まるマクロの状態」の、それぞれに対応するミクロの状態の数を比べることです。

つまり、マクロな条件は、ミクロの状態の選び方を制限します。制限が多いと選び方の自由度が減るので、それを満たすミクロの状態の数も少なくなります。

- 条件1つ＝ミクロの状態の数が多い　＝エントロピー高

・条件2つ＝ミクロの状態の数が少ない＝エントロピー低

こうして、**条件が多い方（この場合は高温と低温）がエントロピーが低くなる**わけです。それゆえ、**エントロピーが減るような変化、すなわち、湯が自然に高温と低温に分かれることはない**のです。

ブラックホールのエントロピー＝知りえないミクロ状態の情報量

ここまでの説明では、エントロピーという量が存在するためには、マクロの状態に対応するミクロの状態が必要でした。ではブラックホールはどうでしょう。

ベッケンシュタインの主張する通り、ブラックホールがエントロピーをもつのであれば、水が水分子からできているように、**ブラックホールも何らかのミクロの状態からできているはず**です。

しかし一般相対性理論では、ブラックホール時空は非常に単純で、ミクロの状態の影も形もありません。したがってブラックホールがエントロピーをもつという考えはナンセンスです。多くの物理学者がそう考えてベッケンシュタインの考えを無視しました。
ブラックホールの表面積増大の法則を証明したイギリスの理論物理学者スティーヴン・ホーキングも、当然ベッケンシュタインに反対します。

しかしエントロピーには別の観点があります。1つのマクロの状態に対するミクロの状態の数とは、「私たちが知りえないミクロの状態の情報」といい換えることができます。したがって**マクロ状態のエントロピーとは、知ることができないミクロの情報量**ともいえるのです。

そう考えると、**ブラックホールの中に入った情報は知りえないので、その意味でブラックホールはエントロピーをもつことができる**とベッケンシュタインは考えたのでした。

ここで注意すべきことは、物体の体積が大きいほど情報はたくさん含むことができるので、エントロピーは体積に比例すると思うかもしれません。実際、エントロピーは体積に比例します。ただし**ブラックホールだけは特別で、エントロピーはその表面積に比例する**のです。このことはのちのち重要になってきます。

量子を空間に広がった場の振動とみる「場の量子論」

ブラックホールがエントロピーをもつというベッケンシュタインの主張に反対していたホーキングですが、しかし、思いがけずその主張を受け入れることになります。

1973年頃からホーキングは、ブラックホールのまわりに量子力学を適用することを考えていました。もともとブラックホール時空は一般相対性理論で導かれたもので、量子力学とは何の関係もありません。またブラックホールの表面積増大の法則も、量子力学を考慮していません。

しかし、ホーキングは**ブラックホールという天体現象を量子力学で読み解こうとした**のです。その話に行くために、まずは「場の量子論」を押さえておきましょう。

物質のない空間を真空といいますね。でも、量子力学的には、真空とは何もなく何の変化もない状態ではありません。**量子力学的には真空とはエネルギーが最低の状態**のことです。これを**基底状態**といいます。真空を扱う理論は、**「場《ば》の量子力学」**あるいは**「場の量子論」**と呼ばれるものです。

量子力学は、たとえば電子など1個の量子、あるいはいくつかの量子の運動（＝力学）を扱う理論です（先述した二重スリットの実験もそうです）。でも、粒子の数が変化したり、ある粒子が別の粒子に変わるような現象は、量子力学では扱えません。

そのような状況を扱うのが場の量子論で、そうした現象を空間（場）のもつ性質から説明するものです。

場の量子論では、電子や光子などの量子を「そういう粒子がある」ととらえるのではなく、**「量子は対応する空間全体に広がった量子場の揺らぎ（振動）のエネルギーがある量以上になったときに現れるもの」**と考えます。

たとえば光子は光子場の揺らぎから、電子は電子場の揺らぎからといった具合に、空間には素粒子の種類だけの場が備わっていると考えるのです。

「場」という言葉がわかりにくければ、たとえば磁石のまわりに鉄粉をばらまいた状況を考えてみてください。鉄粉はN極とS極を結ぶ線（磁力線）に沿って並びます（図35）。鉄粉が整然と並ぶのは、目には見えない磁場に沿っているからです。

この磁場は、磁石を置いたことでできたのではなく、「そもそも空間に一様に磁場が存在していて、磁石を置くと、磁場の様子がこのように現れる」と考えるのが場の理論です。

図35　磁力線は磁場の現れ

場の理論の考え方

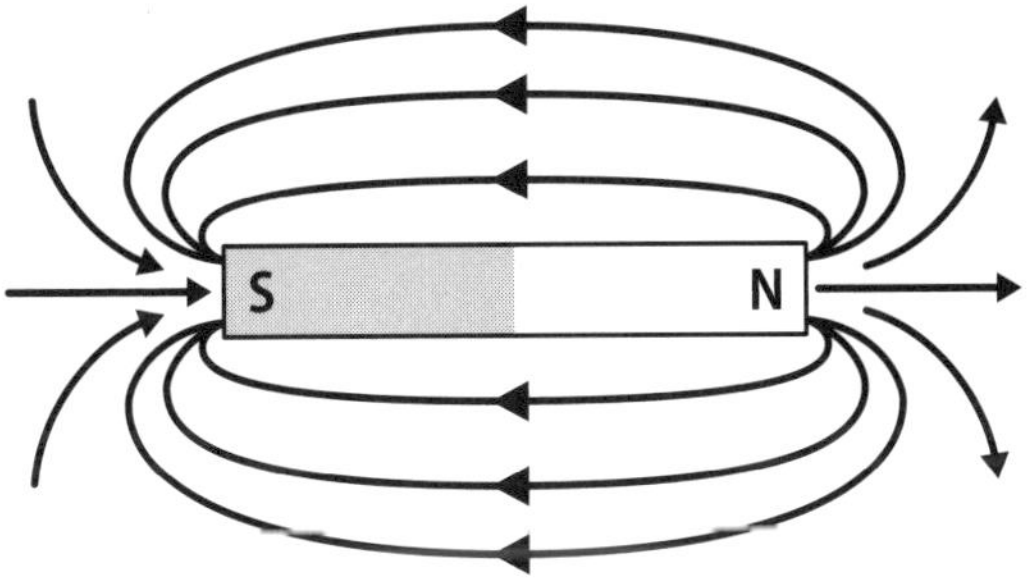
S
N

✕ 磁石を置いたから磁場ができた

○ そもそも空間（場）に磁場があり、磁石を置くと、
磁場の様子がこう現れる
（正確には磁場⇒電磁場）

場の量子論ではこうとらえる

✕ 電子、光子などの粒子がある

○ 空間にはそれぞれ素粒子の場があり、その場のエネルギーが
ある値以上＆とびとびの値で振動するとき、われわれはそれを
電子や光子などの量子として見る

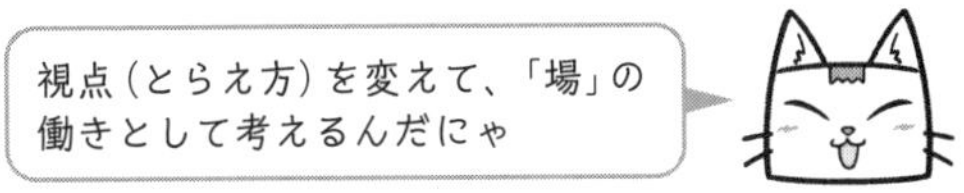
視点（とらえ方）を変えて、「場」の
働きとして考えるんだにゃ

もう少しくわしく説明しましょう。実は磁場は磁場だけで存在しているわけではなく、電場と一緒になって電磁場として存在しています。磁場を置いたときに鉄粉の模様を通して見えるのは電磁場のうち磁場だけです。

この電磁場は量子力学的な存在です。その意味するところは、空間の各点で場が振動していて、振動のエネルギーの値が「離散的（とびとび）」であるということです。マックス・プランクが最初に気がついたように、ここでもエネルギーは「ある値の何倍」という離散的な値しかとることができません。**「その離散的な値で場が振動するとき、私たちはそれを量子として見る」**のです。これが場の量子論の基本です。

場のエネルギーがある値以上、かつとびとびの値で振動するとき、われわれはそれを量子として見る

真空の揺らぎ＝零点振動

さらにいえば、場のエネルギーが最低の値とはゼロではありません。ゼロではない値で振動しています。これを零点《れいてん》振動といいます。**真空というのは何もない状態、エネルギーがゼロの状態ではありません。光子をはじめすべての素粒子の場が零点振動をしている状態なのです。**

厳密さをいったん脇におき、場と真空状態のイメージを、第1章でとり上げた電光掲示板の例（図6参照）を使ってざっくり説明してみましょう。

このとき空間とは電光掲示板です。したがって場とは、規則正しく並んでいる電球全体です。電球が明るく点いた状態が量子です。そして明かりが点いていない状態が真空状態あるいは基底状態ですが、このとき電球には、ごくごく暗い明かりがもやもやと常に灯《とも》っているのです。その「もやもや」が零点振動に対応します。

真空の揺らぎという言葉を耳にしたことがある方も多いでしょう。真空の揺らぎとはこの零点振動のことです。零点振動は空間そのものの性質といってもいいでしょう。

真空で絶え間なく起こる対生成・対消滅

この揺らぎは別の見方をすることもできます。明かりが点いた状態が量子といいましたが、その明かりは隣の電球の明かりが移ってきたり、あるいは真空からエネルギーが与えられたりすることで点いたものです。

真空の揺らぎは、現実に観測される量子を作るほど大きなエネルギーをもっていませんが、**仮想粒子と呼ばれる仮の量子を作ることができます。**ただし、できた直後に消えてしまわなければなりません。実際に観測されることはないため、仮の粒子と呼ばれるのです。

また**仮想粒子は1個だけ作ることはできません。**たとえば仮想電子を作るときのことを考えてみましょう。電子はマイナスの電荷をもっていますが、何もないところからマイナスの電荷を突然作ることはできません。

物理学では、どんな場合でも厳密に保存される量があります。エネルギー保存の法則などといいますね。この保存という意味は、ある時刻でその量がある値だったら、その後の時間でその量の値が変わることはないということです。

そのひとつが電荷です。真空から仮の電子はすぐに消えるからといって1個だけ作ることは、電荷が保存されないので不可能なのです。

では、真空の揺らぎから仮想電子は作れないかといえば、そうでもありません。電子ともう1個、電子と反対の電荷をもった粒子（質量は電子と同じ）を同時に作ればいいのです。そのような素粒子は実際に存在しており、陽電子《ようでんし》と呼ばれています。**マイナスの電荷をもった電子とプラスの電荷をもった陽電子を同時に作れば、合計の電荷がプラスマイナスゼロと**

図36　真空での対生成・対消滅

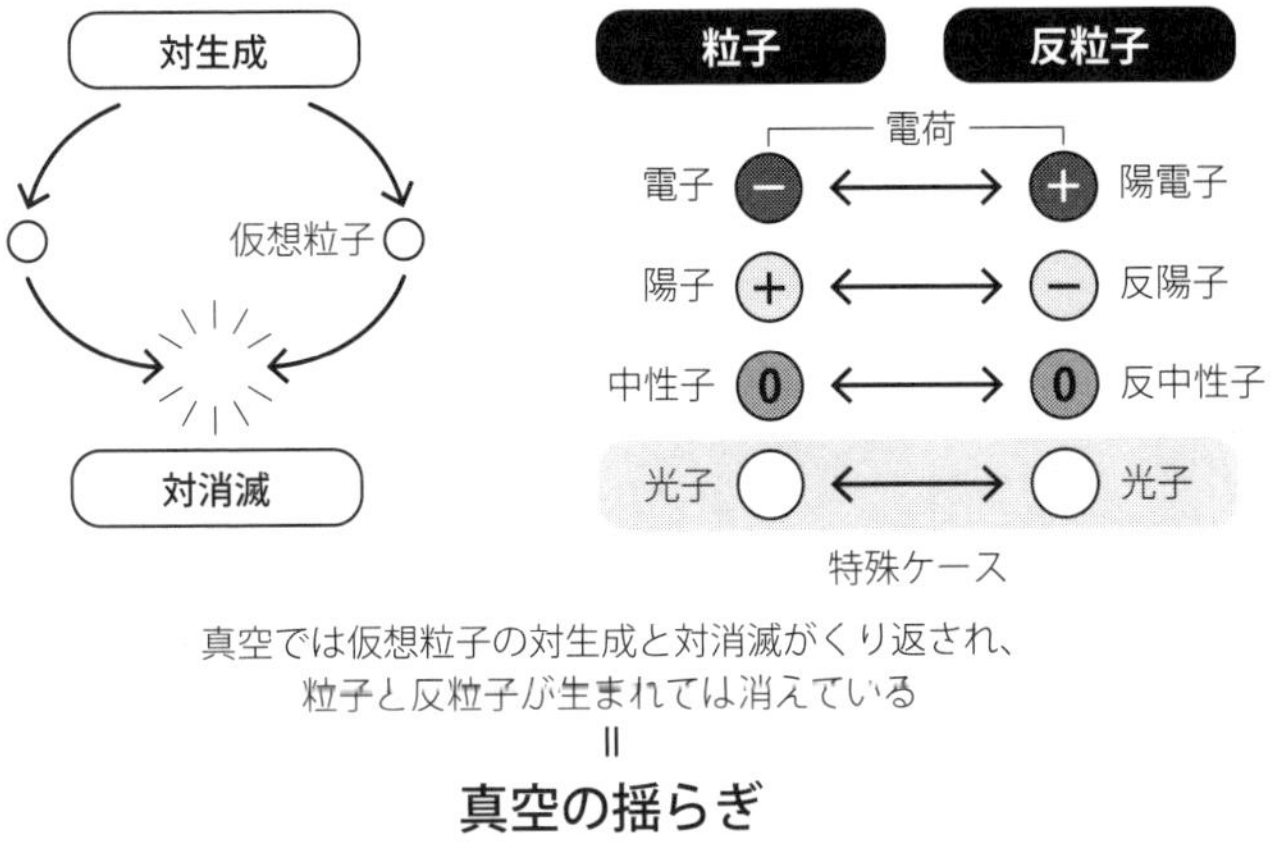
対生成
仮想粒子
対消滅
粒子
反粒子
電荷
電子
陽電子
陽子
反陽子
中性子
反中性子
光子
光子
特殊ケース
真空では仮想粒子の対生成と対消滅がくり返され、
粒子と反粒子が生まれては消えている
＝
真空の揺らぎ

なって、**電荷の保存則が満たされる**のです（図36）。

一般に、あらゆる量子には同じ質量かつ電荷などの性質が正反対で、出会うと必ずお互いに消滅するという性質をもった**反粒子**《はんりゅうし》と呼ばれる量子が存在します。たとえば陽子の反粒子は反陽子、中性子の反粒子は反中性子です。電子の場合は歴史的な経緯から陽電子と呼ばれています。また光子は特別で、光子の反粒子は光子です。

真空の揺らぎから粒子と反粒子ができることを対生成《ついせいせい》**、それらが出会って消えることを対消滅**といいます。

対生成で粒子・反粒子対を作るとしても、

真空の揺らぎのエネルギーはそれほど大きくありません。そのため、質量の大きな粒子のペア、粒子対《りゅうしつい》が作られる確率は非常に低く、ほとんどの場合は質量をもたない光子対が作られて、対消滅で消えていきます。

場の量子論では、**真空とはこのような対生成、対消滅が絶えず起こっている状態**なのです。

真空では量子もつれができたり、消えたりしている

ここまで長々と場の量子論の話をしてきたのは、ブラックホールのエントロピーに関係があるからです。あともうひとつだけ、光子のスピンについて説明しておきます。第4章のＣＨＳＨ不等式のところで偏光と一緒に少し触れましたが、光子のスピンは量子もつれを議論するときに大事な性質です。

スピンをイメージしやすくするため、先に偏光について説明しましょう（図37）。

光（電磁波）とは、その進行方向に垂直な方向に電場と磁場が振動（強くなったり弱くなったり）しながら空間を伝わっている現象でした。太陽からの光の場合、さまざまな振動方向を向いた光が混じっているので、全体としては電場や磁場が特定の方向に振動している

図37　偏光と光子のスピン

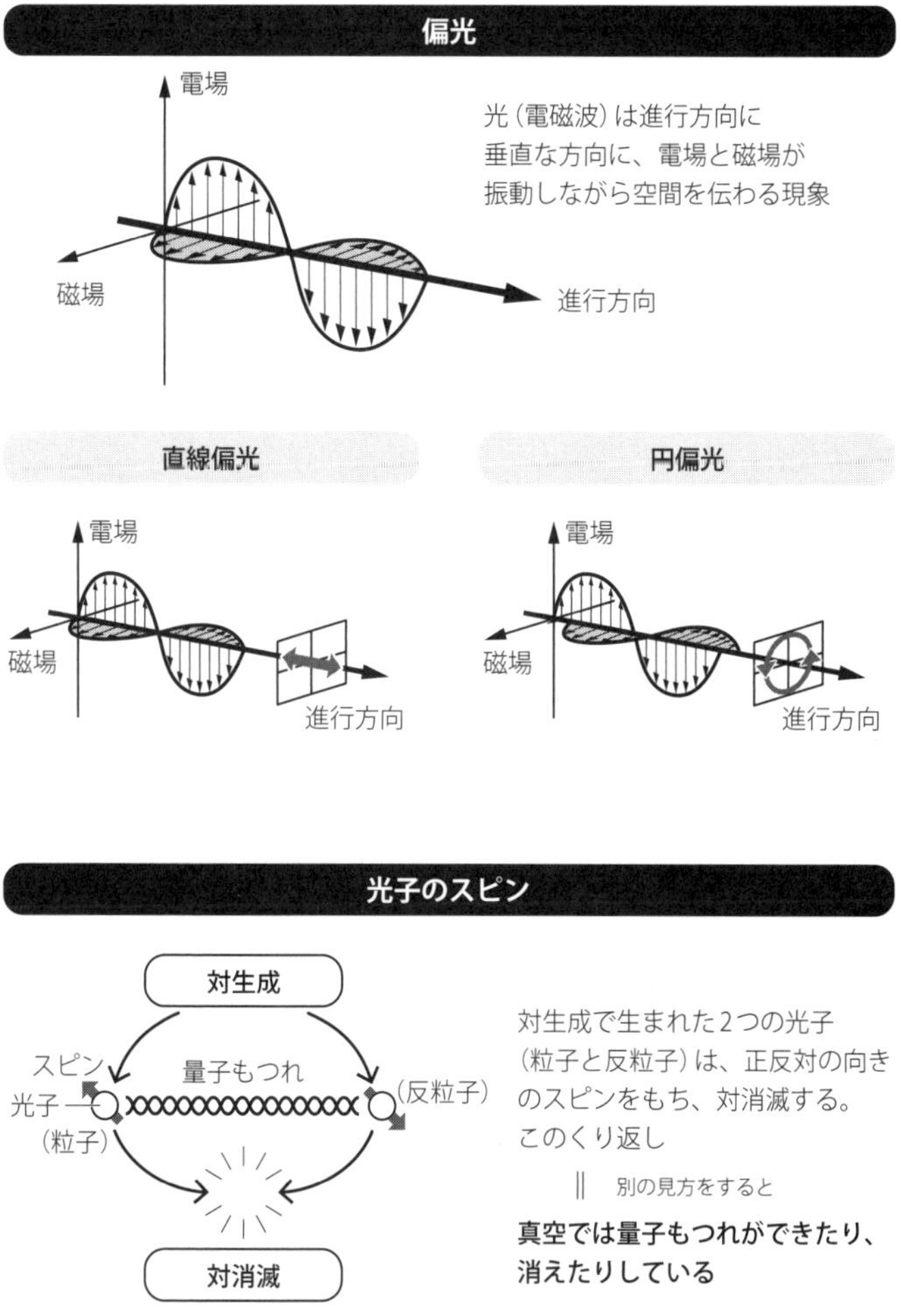

ということはありません。そのような光を無偏光の光といいます。

それに対して、振動方向が進行するにつれて右回りや左回りに回転しているような光もあって、そのような光は**円偏光**しているといいます。またある特定の方向だけに振動している光もあって、その場合は**直線偏光**といいます。


次にスピンです。**スピンとは、**量子力学特有の性質ですが、ある意味で**光子の進行方向に対して左回りか右回りの回転**と解釈することもできます。これは光の円偏光に対応します。あるいは、**光子の進行方向に垂直な面内のある方向を向いた矢印**とも解釈できます。これは光の直線偏光に対応します。

ここではスピンを矢印で考えましょう。光子対が真空から対生成するとき、もともとの真空は矢印をもたないので、対生成でできた光子の一方がある方向に向いた矢印をもっていたとすると、他方は必ずそれと逆方向を向いた矢印をもっていなければなりません。そうでなければ、光子同士が出会っても、スピンの方向が同じため打ち消し合うことができず、光子対も消えることができなくなってしまいます。粒子と反粒子は出会うと必ず消滅するのです。

要するに、**対生成で生まれた2つの光子は量子もつれ状態にある**のです。**真空では**光子の対生成、対消滅がくり返し起こっているので、**量子もつれができたり消えたりしていると**いってもいい状況なのです。

光子の対生成がブラックホールを蒸発させる――ホーキング放射

さて、ブラックホールの話に戻りましょう。ブラックホールがエントロピーをもつというベッケンシュタインの主張に反対していたホーキングは1972年頃から、「ブラックホールのまわりで真空の揺らぎを考えたら何が起こるだろう」ということに興味をもち始めました。**ブラックホールのまわりで場の量子論を考えた**のです。

先に述べたように、普通の空間では真空の揺らぎによって光子の対ができると、瞬時にそれらは出会って消滅しています。

ブラックホールと普通の空間の違いは、ブラックホールには事象の地平面、すなわちそこを通ると二度と戻れなくなる表面があることです。すると、次のような状況が考えられるでしょう。

対生成、対消滅は空間のいたるところで起きているので、ブラックホールの表面のごく近くでも起こります。そのような**対生成で生まれた片方の光子が**、対消滅する前に**ブラックホールの表面を越えて、飲み込まれる**ことがあるでしょう。

「そのとき対消滅する相手を失った片方の光子はどうなるだろう。ブラックホールの中に一緒に吸い込まれることがあるかもしれないが、ある確率でそうでないこともあるだろう」

このような状況を考えたホーキングは、**取り残されたもう片方は無限のかなたに飛び去る**ことを突き止めたのです。対消滅する相手を失った光子は、いわば仮想的な粒子という身分で生まれたけれど、ブラックホールのおかげで一人前の現実の粒子に昇格したということです。

ブラックホールのまわりでは、このようなことが常に起こっているため、**遠くから見るとブラックホールが継続的に光子を放射しているように見える**のです。飛び出してくる光子は正のエネルギーをもっているので、その片割れであるブラックホールに落ち込んだ光子は負のエネルギーをもって飛び込んだことになり、その結果、ブラックホールの質量が減り、表面積も減っていきます。

これを**ブラックホールの蒸発**と呼び、出てくる放射を**ホーキング放射**と呼びます（図38）。

図38　ブラックホールを蒸発させるホーキング放射

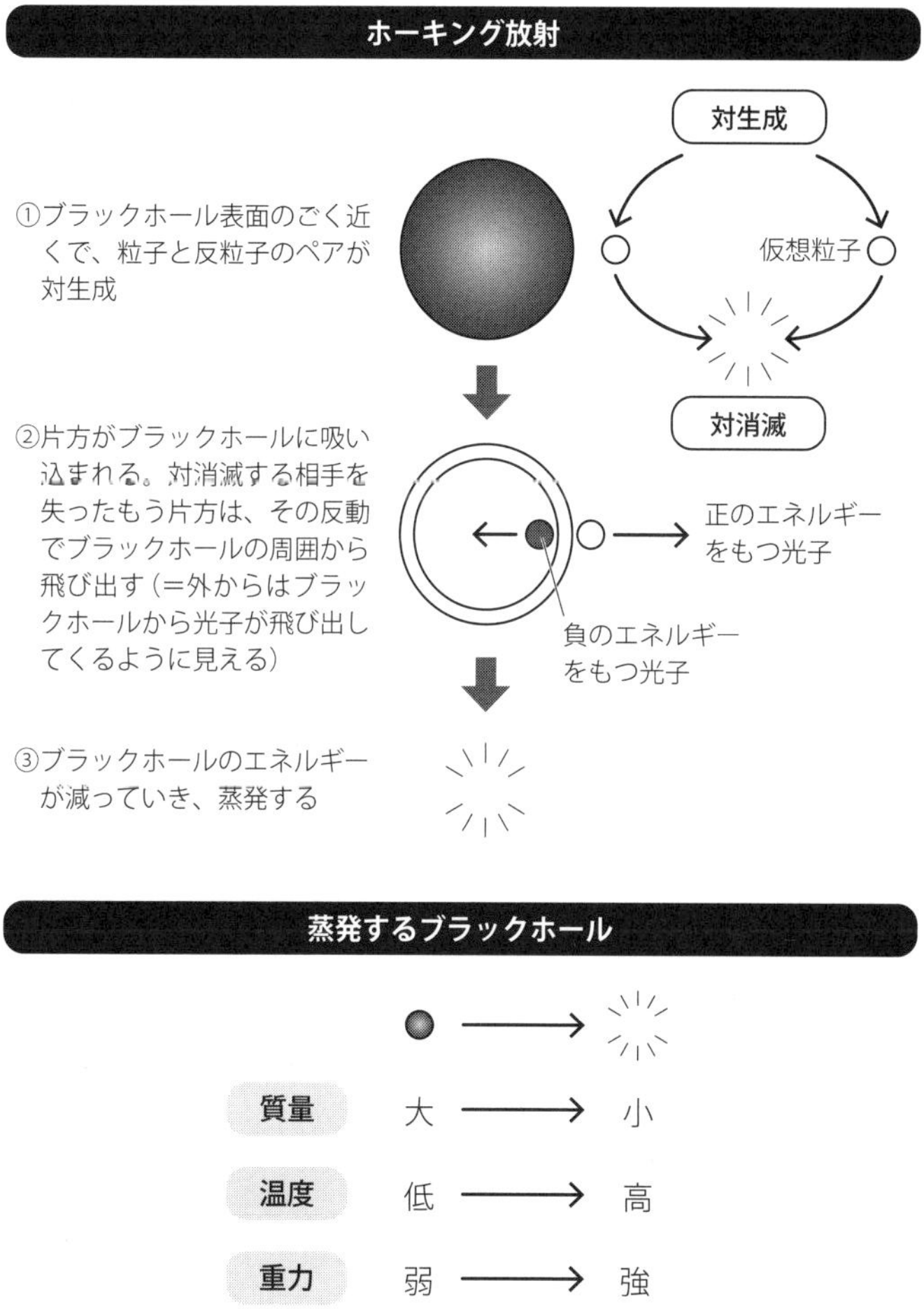
ホーキング放射
対生成
①ブラックホール表面のごく近くで、粒子と反粒子のペアが対生成
仮想粒子
対消滅
②片方がブラックホールに吸い込まれる。対消滅する相手を失ったもう片方は、その反動でブラックホールの周囲から飛び出す（＝外からはブラックホールから光子が飛び出してくるように見える）
正のエネルギーをもつ光子
負のエネルギーをもつ光子
③ブラックホールのエネルギーが減っていき、蒸発する
蒸発するブラックホール
質量
大
小
温度
低
高
重力
弱
強

ブラックホールからのホーキング放射は、たとえばある温度をもった溶鉱炉から出てくる放射、すなわち、第2章で出てきた黒体放射と同じです。つまり、そのスペクトルがプランク分布をもっているのです。

この意味で、ブラックホールはある温度をもった溶鉱炉と〝同じ〟です。ならば、**ブラックホールは熱力学で扱える**ことになります。熱力学では温度をもつ物体は、エントロピーももっています。そしてそのエントロピーは、黒体放射を出している場合、温度からすぐに計算できます。

実際に計算してみると、**ブラックホールのエントロピーはベッケンシュタインの予想通り、その表面積に比例する**ことが導かれました。こうしてホーキングは、はからずもベッケンシュタインの主張を認めることになったのです。

もちろん、ブラックホールは溶鉱炉とは違います。溶鉱炉のように何かが燃えていて、温度があるわけではありません。一方、溶鉱炉は燃料を補給しなければ、まわりに熱を放射してだんだん冷えていきます。熱力学では、エネルギーを失って温度が下がることを「比熱が正である」といいます。普通の物質の比熱は正です。

ところが、**ブラックホールは逆に、ホーキング放射によって熱（エネルギー）を放射する**

と、どんどん温度が上がっていくのです。「比熱が負」ということです。

その理由は重力です。物体の重力は、その質量が大きいほど、そしてその大きさが小さいほど強くなります。したがって、**ブラックホールが蒸発して小さくなると、表面での重力が一層強くなる**のです。

そのため表面近くで光子の対生成が起こると、一方はさらに強くブラックホール内部に引き込まれ、その分だけ他方はより大きなエネルギーをもって遠方に飛び出していくのです。このことはブラックホールの温度が上がっていくことを意味します。

こうしてブラックホールの温度は、その質量に反比例するのです。その結果、**ブラックホールは蒸発するほど高温になり、最後は大爆発して跡形もなくなる**と思われています。

とはいっても、ブラックホールの蒸発は、宇宙の中に実際に存在するほかのブラックホールの場合は問題になりません。天体の質量程度のブラックホールの場合、その温度が非常に低いからです。

たとえば太陽質量のブラックホールでは、その半径は3キロ、温度は数千万分の一度程度です。そして蒸発して完全に消えるまでには、10の66乗年という気の遠くなる時間がかかります。月程度の質量のブラックホールの場合でも、その半径は0・1ミリ程度、温度は絶対温度10度程度で、蒸発するまでの時間はそれでも10の44乗年という長さです。

したがって、**ホーキング放射が実際に問題になるのは、ブラックホールが原子レベルの質量、あるいはそれ以下のミクロの大きさの場合**です。机上《きじょう》の空論と思うかもしれませんが、このような極限的状況で初めて、真実の自然法則が姿を現すのです。

ブラックホールの情報パラドックス——情報が消えてしまう

ブラックホールがエントロピーをもっており、それがブラックホールの表面積に比例していることがわかりました。これですべて解決したと思うかもしれませんが、さらなる難問が登場します。この問題は一見、そこまで深刻なことに見えないのですが、物理学の最先端の知識を総動員しなければ解決できない問題でした。さらに、この問題は量子力学と時空の密接な結びつきにまで発展します。

この**ブラックホールの情報パラドックス、あるいは情報喪失問題**と呼ばれる問題を紹介しましょう。

(1)ブラックホールの無毛定理が示す矛盾

ブラックホールは大質量星の最後の爆発で生まれるといいましたが、同じ質量の星でもその大きさや組成《そせい》は千差万別です。また爆発の詳細もさまざまでしょう。

したがって、さまざまな性質をもったブラックホールができると思うかもしれませんが、先にも述べたように**ブラックホールには「無毛定理」と呼ばれる性質があって、質量、角運動量、そして電荷という3つの性質しかもっていません。**それら3つの量が同じ2つのブラックホールがあったら、まったく違った過程を経てできたとしてもそれらを区別することはできません。

ブラックホールを作った星のさまざまな情報は、ブラックホールができる過程でまるで毛が抜け落ちていくように消えてしまい、３本の毛（質量、電荷、角運動量）以外は残らないのです。

抜け落ちた毛（3つの性質以外の情報）はどこにいったのか？　ブラックホールに吸い込まれて消えていったのでしょうか？　それとも何らかの形で特異点が情報を保存しているのでしょうか？

エントロピーは観測できない情報であり、ブラックホールがエントロピーをもつことから、失われた情報は特異点がもっていると思うかもしれません。しかしブラックホールのエントロピーはその表面積に比例していることを思い出してください。情報は何らかの形でブラックホールの表面に書き込まれているのではないでしょうか。もしこれが本当なら、情報はどのように表面に移されたのでしょう。

⑵ホーキング放射＝黒体放射が示す矛盾

情報の問題はこれだけではありません。ホーキング放射を考慮すると、よりいっそう難しい問題が出てきます。それはホーキング放射が黒体放射であるということです。

黒体放射は温度という性質だけをもっています。一方で、ブラックホールの温度はその質量で決まっているので、ホーキング放射のもっている情報は、ブラックホールの質量だけです。**ブラックホールが作られるとき、その表面の中に入って観測できなくなった情報は跡形もなく消えてしまった**ということになります。

別に消えても問題がないと思うかもしれません。たとえば、本は燃えてしまえば何が書いてあったのかはもちろん、本そのものも跡形もなくなってしまいます。

ところがそうではないのです。物理学では**情報の保存が絶対的な条件**なのです。

本が燃えたとしても、燃えた灰、燃える様子などあらゆる情報を集めることができれば、それは燃える前の本のもっていた情報と情報量としては同じということです。マクロの情報もミクロの情報の集まりなので、ミクロの世界を支配する物理法則では情報は決して失われないということです。

ミクロの世界を支配する法則は量子力学です（場の量子論も場の量子力学と考えることができます）。これまで説明したように量子力学における存在とは、確率的な存在です。たとえば2つの状態の重ね合わせのときは、2つのそれぞれの状態がある確率で足し合わされたものでした。そして**2つの確率を足したものは1**となります。これは**その2つ以外の状態はない**ということを意味しています。

この確率はシュレーディンガー方程式にしたがって時々刻々変化していきますが、2つの確率の和は常に1のままです。どのように状態が重ね合わされたとしても、それ以外の状態がないので当然です。

これを**確率の保存**といいます。**情報の保存**といっても同じことです。これは量子力学の基本原理です。

ひるがえってブラックホールの蒸発を考えると、情報がまったく保存されていないことがわかります。**量子力学を使ってホーキング放射を導いたのに、その結果は量子力学の基本原理を破っている**のです。これがブラックホールの情報パラドックスと呼ばれる問題です。

量子もつれを完全観測すれば情報は残っている

ブラックホールの蒸発が進むと、情報は消えて、残るのはそれまでに放射されたホーキング放射だけというのが情報パラドックスでした。このパラドックスをエントロピーの言葉で表してみましょう。

このことは情報問題の単なるいい換えではありません。エントロピーはマクロの状態に対応するミクロの状態の数でした。したがって**エントロピーを考えるということは、何らかの形でミクロな状態を考えること**です。これによって、次章で述べる量子力学と時空の関係が見えてくるのです。

ブラックホールは黒体放射を出しながら蒸発します。黒体放射の特徴は、温度という1つの情報しかないため非常にエントロピーが大きく、さらに高温になればなるほど大きくなることです。ブラックホールの温度は蒸発するにつれてどんどん高温になっていくので、放射されるホーキング放射のエントロピーもどんどん大きくなっていきます。

このエントロピーがあるからには、それに対応するミクロの状態があるはずです。それを見るために、ホーキング放射がどのように起こっていたかを思い出しましょう。

ホーキング放射とはブラックホール表面近くで起きた対生成の片割れがブラックホールに落ち込み、残された片割れが飛び出してきたものでした。対生成された粒子対は、たとえばそれが光子対だったら、スピンの方向が正反対で作られているので量子もつれ状態でした。

実は**ホーキング放射が黒体放射の性質をもっていることの原因は、量子もつれにある粒子対の片方だけを観測しているから**なのです。もし**その両方を観測することができれば、黒体放射とはならない**のです。

ブラックホールのエントロピーが表面積に比例することから、情報は何らかの形で表面に蓄えられていると考えると、表面近くで対生成された量子もつれにある粒子対は、何らかの形で表面の情報をもっているはずです。したがって**量子もつれを完全な形で観測できれば、表面の情報を取り出すことができる**でしょう。

ところがホーキング放射は対生成の片方しか観測していないので、情報は失われエントロピーが大きくなるのです。

ブラックホールの蒸発に際しても量子力学が正しいとします。もしブラックホールになる前の情報が完全にわかっているとすれば（＝エントロピーがゼロということ）、**ブラック**

ホールとホーキング放射を足した全体のエントロピーは、最初は増大してもブラックホールの蒸発のある時点で減り始め、ブラックホールが消滅したときにはゼロになる（＝情報は失われず残っている）はずなのです。

この様子を表すエントロピーの時間変化のグラフを、最初に提唱したカナダの物理学者ドン・ページの名前をとって**ページ曲線**といいます。

ところがブラックホールの蒸発を予言した**場の量子論では、このページ曲線を説明することができなかった**のです。

一方、ブラックホールの情報パラドックスが問題になった頃から、場の量子論に変わる素粒子の理論である**超弦理論**が発展してきました。当然のなりゆきとして、超弦理論に基づいて情報パラドックスを解決しようとする試みが始まりました。これは超弦理論の研究過程で発見された重力と量子論の深い関係を探るものでした。そして、超弦理論に基づくと、情報パラドックスが解決されたのです。

ここから先は、ちょっと駆け足で超弦理論の最前線トピックスを紹介していきましょう。

超弦理論――量子重力理論の有力候補

自然界には基本的な４つの力が存在します。重力、電磁気力、弱い力、強い力です。自然界に現れるすべての力はこの４つの力がもとになっています。この中で弱い力と強い力は20世紀に入って、量子力学の進展とともに発見されたミクロの世界でのみ働く力です。そして重力は、時空の歪《ゆが》みとして一般相対性理論で説明される力です（第８章図47参照）。

ここでは詳細は省きますが、電磁気力、弱い力、強い力の３つは量子力学から発展した場の量子論で説明できるのに対して、重力は古典的な一般相対性理論での説明にとどまっています。４つのうち３つが量子論で読み解けるのなら、重力もそうあるべきでしょう。

そこで、重力を量子論で説明する**量子重力理論（重力場の量子論）**が試みられていますが、現在のところ完成していません。もし完成すれば、一般相対性理論と量子力学の両方の理論を統一するだけでなく、時間、空間、物質の始まりとしての宇宙がどのようにして始まったのか、特異点では時間、空間、物質がどうなってしまうのかなど、いまの物理学ではまったく手のつけられないことが明らかになることでしょう。

現在、この**量子重力理論の有力な候補と考えられているのが、超弦理論（超ひも理論）**です（図39）。いまは電子や光子など内部に構造をもたないと思われている素粒子が物質を作る最小単位の基本要素と考えられていますが、超弦理論の基本的要素は、素粒子よりもさらに小さく線状に広がった「ひも」、あるいは弦です（以下、本書では弦を使います）。

現状の場の量子論では、たとえば光子は光子場から、電子は電子場からというように素粒子の種類ごとにそれぞれの場の量子の揺らぎを考えるのに対して、超弦理論では弦の場という1種類の場を考えるだけでよくなります。その場から弦が生成され、1本の弦の振動の違いが、違った粒子として観測され、さらに弦と弦とのやりとりで、4つの力（重力、電磁気力、弱い力、強い力）が統一的に説明されるのです。〝一粒で二度おいしい〟どころか、弦だけでさまざまなことが表せる、非常に経済的でおトクな理論です。

なお、「超弦＝弦」ですが、「超」がつく理由も説明しておきましょう。第5章のクーパー対のところでも触れましたが、素粒子は大別するとフェルミオンとボソンという2つのグループに分類されます。簡単にいうと、フェルミオンは物質の基本的な構成要素、ボソンはフェルミオン間でやりとりされて力を伝える粒子です（そのほかにヒッグス粒子と呼ばれる

図39　場の量子論と超弦理論

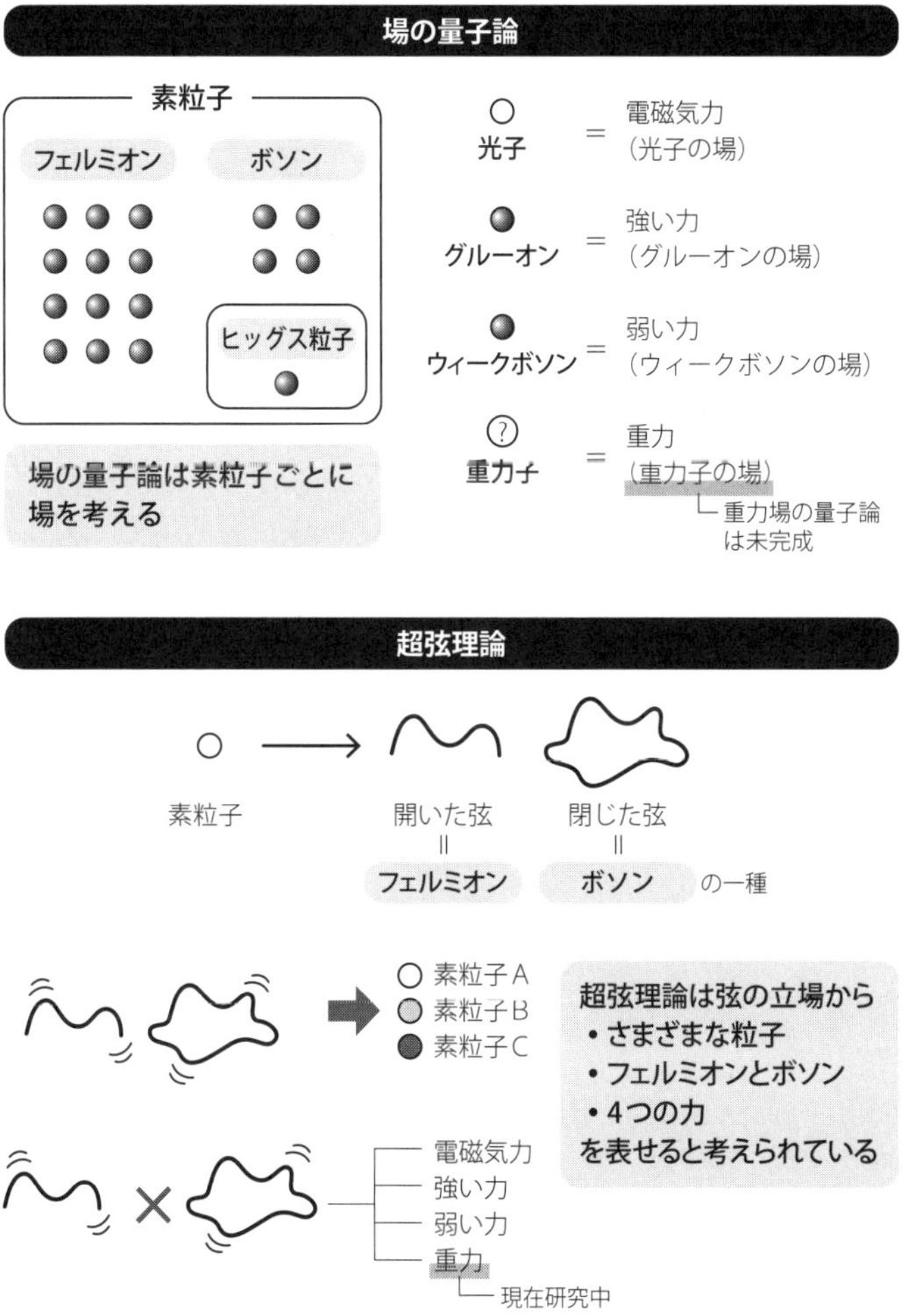

素粒子がありますが、ここでは触れません）。超弦理論の「超」とは弦の振動がフェルミオンとボソンの両方を表せることを意味します。

そして、この超弦理論は情報問題だけでなく、ブラックホールのエントロピーをミクロに説明することを可能にしたのです。

超弦理論でブラックホールのエントロピーを考える

超弦理論の特徴のひとつは、**時間1次元、空間9次元の10次元時空でのみ、弦が存在できる**ことです。私たちの認識している空間は3次元なので、超弦の存在する空間は何らかの理由で6次元空間が小さくなっているか、あるいは広がっていても、それを認識できない何らかのメカニズムがあることになります。

余分な次元（余剰《よじょう》次元）が観測できないほど小さくなっているという立場の弦理論もありますが、ここではわれわれが認識する3次元以外の6次元が無限に広がっているという立場の弦理論を紹介しましょう。

弦には**開いた弦**と**閉じた弦**（開いた弦は両端があるもの、閉じた弦は端がない輪ゴムのようなものをイメージしてください）があり、開いた弦の振動はフェルミオン、閉じた弦の振動は重力の量子である重力子（ボソンの一種）を表します。

そのほかに**Dブレーンと呼ばれる弦の集合体のような構造**があります。Dブレーンの次元は3次元、4次元、5次元などさまざまです。その特徴は、開いた弦の両端がDブレーンにくっついていることです。

たとえばわれわれの宇宙のモデルとして3次元のDブレーンを考えてみましょう（図40）。Dブレーン上で見ると、くっついた弦の両端はさまざまな種類の電荷（電磁気力の源である普通の電荷、強い力の源である色《いろ》電荷、弱い力の源である超電荷など）をもっていて、それらがDブレーン内で力を及ぼし合っています。つまり、**「力はDブレーン内に限定されており、余剰次元には広がらない」**ということです。

ただし、**重力だけは**少し特別で、**Dブレーンに完全に閉じ込めることはできず、余剰次元にわずかに漏れ出しています。**これは閉じた弦はDブレーンから離れることができるからです。ただし漏れる程度は非常に小さく、現在の技術では漏れていることを検出できないとするのです。

ということで、余剰次元が無限に広がっているとしても、その存在に気がつかないのです。

この立場では、**「われわれの宇宙は9次元空間に漂う3次元Dブレーン」**ということになります。
このような宇宙を**ブレーン宇宙論**といいます。２つの３次元Ｄブレーン同士の衝突がビッグバンだという説も提案されています。

さて、超弦理論でブラックホールを考えてみましょう。ブラックホールは大きな質量がつぶれることでできるので、弦の集合体であるＤブレーンを適当に組み合わせてつぶしてブラックホールを作ります（図41）。

その**ブラックホールのミクロな状態として、**無数の弦の振動の様子を考えることができるので、その**弦の振動の様子の数を数えて、ブラックホールのエントロピーを計算**してみます。すると、その値はまさに**ブラックホールの表面積に比例することがわかった**のです。

ただしＤブレーンをつぶして作ったブラックホールは、かなり特殊なブラックホールで、自然界に存在するブラックホールとは違っています。したがって正確にいうと超弦理論でブラックホールのエントロピーが説明できたわけではないのですが、自然界に存在するブラックホールに対しても、そのエントロピーは超弦理論で説明できるのではないかと期待されています。

図40　超弦理論によるブレーン宇宙のイメージ

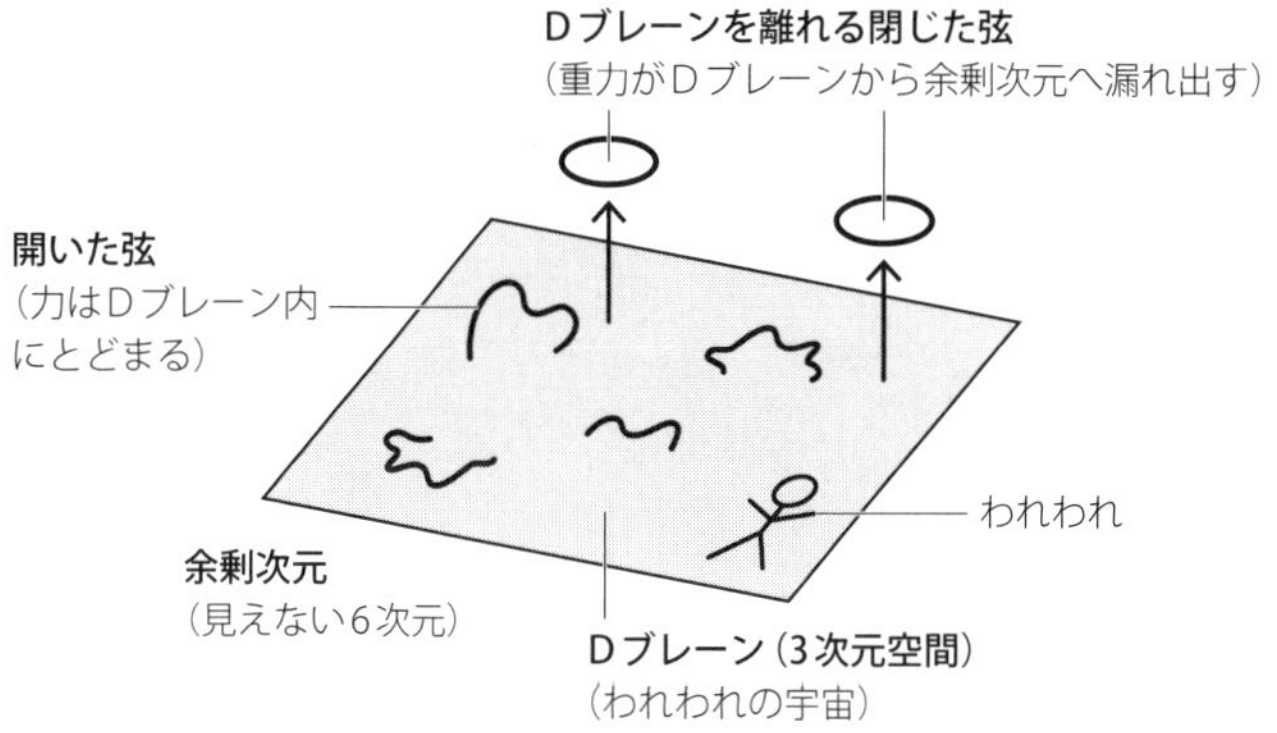

われわれの宇宙は9次元空間に漂う3次元Dブレーン

図41　超弦理論でブラックホールのエントロピーがわかる

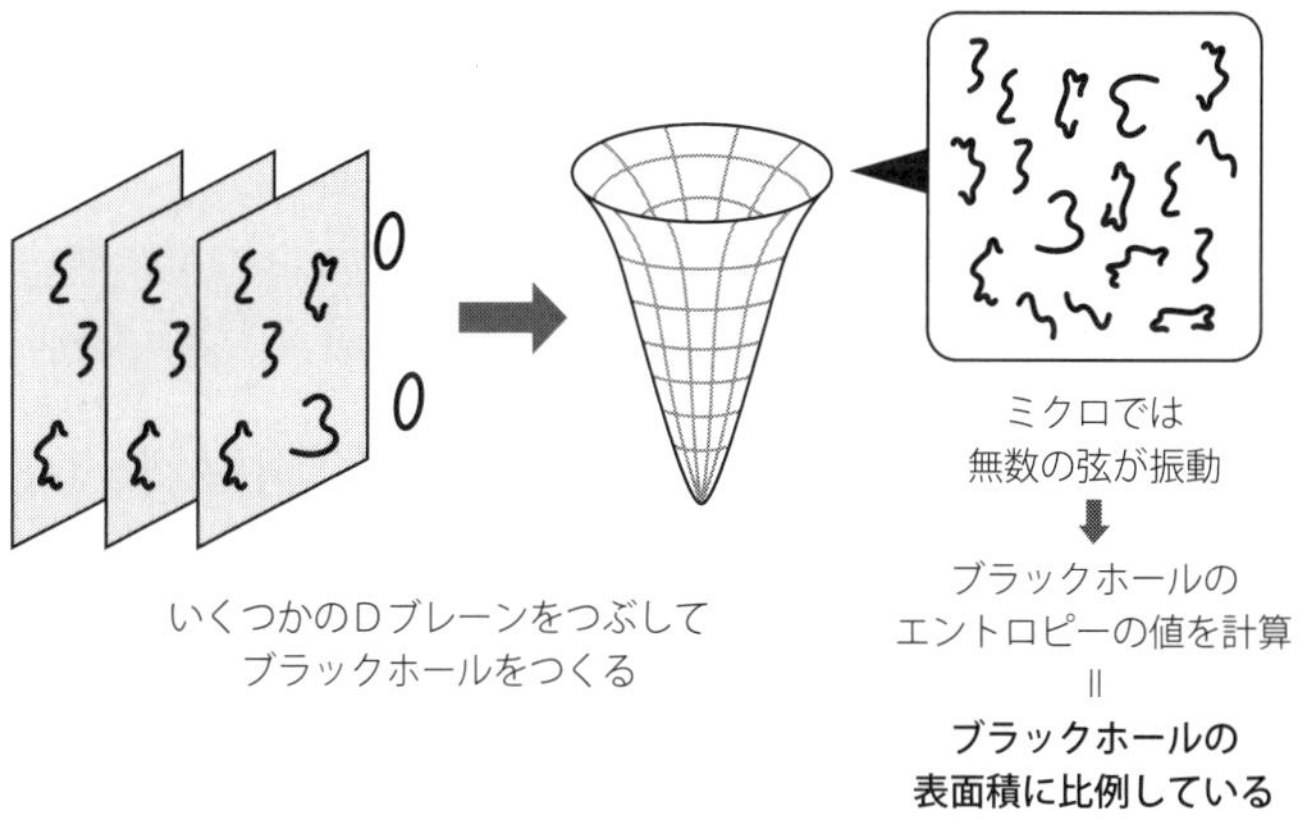

「重力は重力以外の力と同じ」の衝撃——マルダセナ予想

超弦理論はブラックホールのエントロピーを説明できること以外に、より根本的に**重力とは何か**について驚くべき示唆をしました。それはある意味、「重力は重力以外の力と同じ」だというのです。

1997年、アルゼンチン出身の物理学者ファン・マルダセナは、のちにマルダセナ予想として知られることになった驚くべき発見をしました。マルダセナは超弦理論と深い関係がある「5次元時空で宇宙定数をもつ重力理論（Ａｄｓ）」と、「その時空を無限遠方で囲む4次元境界面での（重力を含まない）ある種の場の量子論（ＣＦＴ）」とが、数学的に同等であることを示したのです。

5次元時空とその4次元境界がわかりにくければ、「3次元空間での球」と「その球面」をイメージしてください。3次元の球の境界面である球面の次元は3次元より1次元下がった2次元になります。

Ａ：５次元時空で宇宙定数をもつ重力理論（Ａｄｓ）
Ｂ：その時空を無限遠方で囲む４次元境界面での（重力を含まない）
ある種の場の量子論（ＣＦＴ）
⇒ＡとＢは数学的に同等

ちなみに宇宙定数という言葉が出てきましたが、もともとこれは１９１６年にアインシュタインが一般相対性理論で永遠に不変の宇宙を作るために持ち込んだある種のエネルギーです。当時は宇宙が膨張していることは知られておらず、宇宙は永遠に不変であると信じていたアインシュタインは、引力である重力だけでは宇宙がつぶれてしまうので、宇宙を支える力として「反発力」を導入したのです。

のちに宇宙が膨張していることが発見され、宇宙は永遠に不変ではないことがわかりました。宇宙定数は必要なかったのですが、理論的にはその存在を否定することができません。現在では宇宙定数は実際に存在して、宇宙の膨張速度を加速していると考えられています。

さて、マルダセナの考えた宇宙定数はアインシュタインの考えた宇宙定数（＝反発力）とは反対に、「引力」という性質をもったものです。そのため**宇宙は球のような形をしていて**

（**ただし5次元で無限に広がっている**）、**その境界は4次元**なのです。

このような宇宙は**反ド・ジッター宇宙（略称：ＡｄＳ宇宙）**として知られています。ＡｄＳのＡは反の英語（Anti）の略、ｄＳはド・ジッター（de Sitter）の英語の略で、オランダの物理学者の名前です。ＡｄＳ宇宙という場合、ＡｄＳ空間＋時間を表します。

また、超弦理論で扱うことができる重力は、開いた宇宙であるＡｄＳ宇宙における重力となります。

開いた宇宙というのは、宇宙の形を表す宇宙モデルのひとつです。宇宙モデルには「平坦な宇宙」「開いた宇宙」「閉じた宇宙」の３つがあります。平坦な宇宙は私たちが中学校で習うユークリッド空間（平坦な空間）と同じで、三角形の内角の和が１８０度になるもの。現在の宇宙は平坦な宇宙と考えられています。開いた宇宙はそれとは違って、三角形の内角の和が１８０度よりも小さくなるような不思議な空間です。閉じた宇宙とは三角形の内角の和が１８０度よりも大きくなる空間のことです。たとえば2次元なら球面が閉じた空間です。

そしてＣＦＴというのは、すべての粒子の質量がゼロで、さらに超対称性というフェルミオンとボソンの種類の数がまったく同じである特別な場の量子論の名前です。

マルダセナはさらに一歩進んで、**5次元と4次元の同等性は他の次元**、たとえば「われわ

図42　マルダセナ予想

❶ 3次元AdS空間と2次元境界面のイメージ

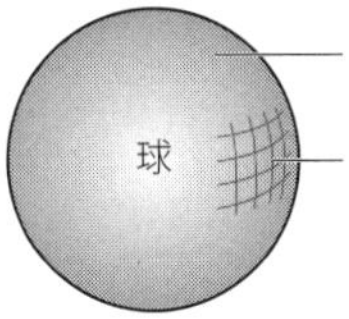

❷ AdS／CFT対応

5次元時空（重力があるAdS理論）　＝　**4次元境界面**（重力がないCFT理論）

↓（これを　般化すると）↓

3次元空間の重力理論　　**2次元境界面での場の量子論**

↓

重力は重力以外の力と同じ

↓

重力を重力以外のもので表せる!!

❸ マルダセナ予想で考えるブラックホールの蒸発

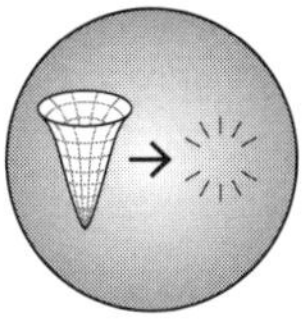

AdS空間での
ブラックホールの蒸発　＝　境界面上での量子の
集合的な振る舞い

＝

ブラックホール蒸発
でも情報は保存　⇐　**情報は**
保存される世界

［参考］
3つの
宇宙モデル

重力以外のものを研究することで、重力とは何かがわかる可能性が出てきたのにゃ

れの3次元空間の重力理論」と「それを無限遠方で囲む2次元境界面での重力と無関係な場の量子論」**でも成り立つという予想**をしました。これを「**マルダセナ予想**」といい、**次元が異なる宇宙での重力理論と場の量子論の対応**を「**AdS/CFT**」対応と呼びます（図42）。

【マルダセナ予想】

A：われわれの3次元空間の重力理論

B：その空間を無限遠方で囲む2次元境界面での重力と無関係な場の量子論

⇒AとBは数学的に同等

現実の宇宙ではクォークも電子も質量をもっていて、さらに超対称性も成立していないので、CFTは現実の宇宙を記述する場の量子論ではありません。また現在の宇宙は正の宇宙定数によって膨張速度が加速していることが観測されているので、負の宇宙定数をもった空間であるAdS空間も現実の宇宙に当てはまるものではありません。

しかし**重力理論と重力がない理論が同等である**という発想自体が驚くべきことなのです。先に述べたようにこれは「**重力は重力以外の力と同じ**」ということであり、「**重力を重力以外のもので表せる**」ということにもなるからです。

マルダセナ予想とその帰結については次章で述べるとして、ここではブラックホールの情報パラドックスに戻りましょう。

マルダセナ予想にしたがって、ブラックホールの蒸発を考えてみます。反ド・ジッター空間のブラックホールの蒸発は、その境界面上に存在する量子の集団的な振る舞いで表されます（図42③参照）。境界面上は量子力学が支配する世界で、情報は厳密に保存されます。この世界が内部のブラックホールがある世界と同等ということなので、**ブラックホールの蒸発でも情報は保存されると考えられる**のです。

この情報パラドックスを指摘したホーキングは、重力がある場合の量子力学では情報は保存しないという立場をとっていましたが、マルダセナ予想に基づく研究の進展を見て、２００４年に**ブラックホールの蒸発でも情報は保存されることを認めました。**

ブラックホール内部がワームホールの入り口に！——アイランド仮説

現実の宇宙は、観測精度の範囲内では平坦な3次元空間の宇宙と思われています。したがってマルダセナ予想はいまのところ現実の宇宙にはすぐに適用できません。
しかし超弦理論に基づいてブラックホールの情報パラドックスが解決されたことを踏まえ、そもそも情報は保存されるという立場からブラックホールの蒸発を考えることで、面白い仮説が議論されています。

この立場では、まず外から見るとブラックホールは表面積に比例したエントロピーをもった量子系で記述されることを出発点とします。そのため、ブラックホールの蒸発でも情報は保存されます。

情報が保存されないと考えられた原因は、ホーキング放射で外に放射される光子が量子もつれ状態にある片方だけだからでした。量子もつれにある両方の光子をすべて観測できれば、情報は失われることはありません。

そこでブラックホールが蒸発を始めると、その内部に泡状の領域が現れて、その中に入った量子もつれの相棒の光子の情報が、量子テレポーテーションのように外の相棒の光子に伝わり、その結果、観測されるホーキング放射がブラックホールの情報をもつようになると考えるのです（図43）。

ブラックホール内部にできたこの情報の抜け道をアイランドと呼び、このように**情報が外**

図43　アイランド仮説

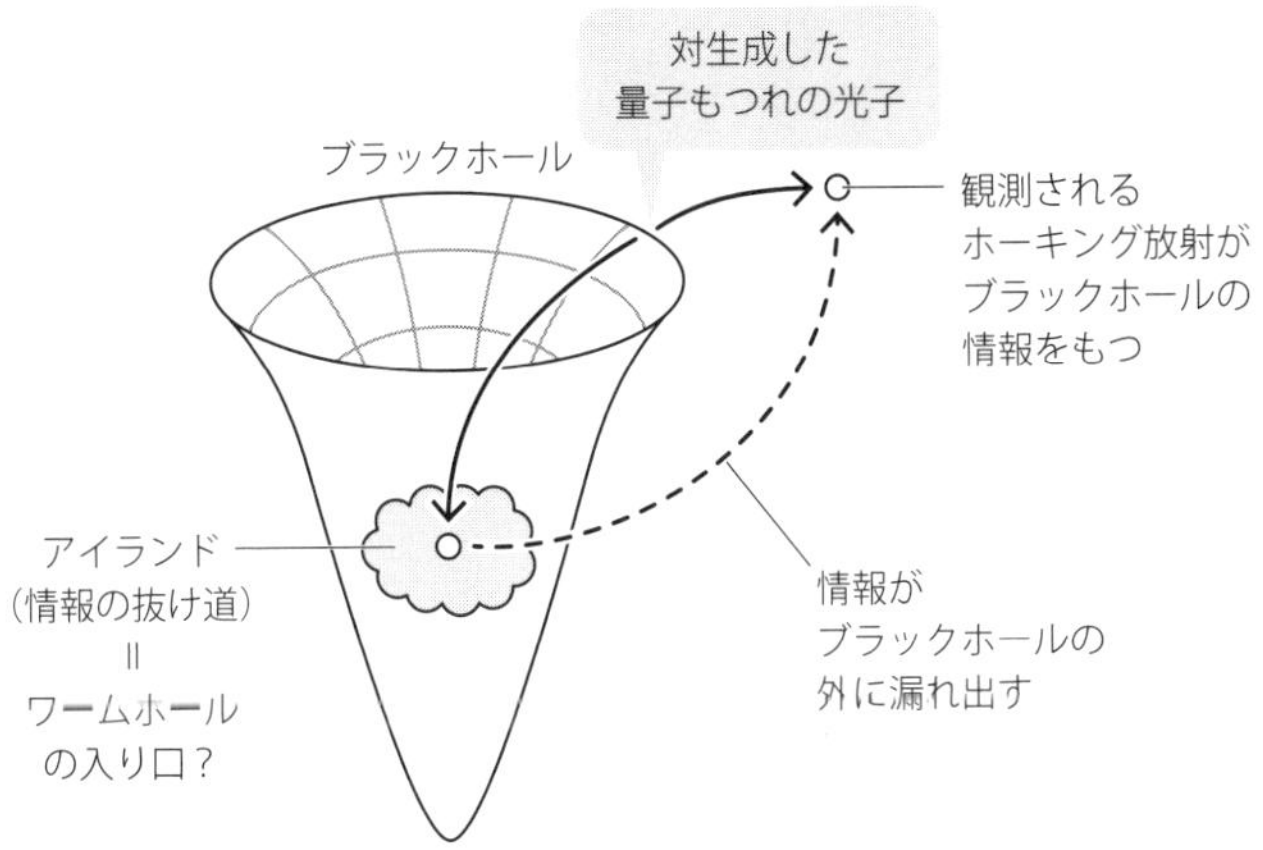
対生成した
量子もつれの光子
ブラックホール
観測される
ホーキング放射が
ブラックホールの
情報をもつ
アイランド
（情報の抜け道）
＝
ワームホール
の入り口？
情報が
ブラックホールの
外に漏れ出す

の世界に漏れ出すという仮説をアイランド仮説と呼んでいます。

現状では、アイランドの存在はあくまで仮説ですが、この仮説にしたがってブラックホールとホーキング放射の両方のエントロピーを合わせた全体のエントロピーの変化を計算するとしましょう。

量子力学では起こりうるあらゆる可能性を考慮する必要があり、ブラックホール内部にワームホールの入り口ができるという効果が全体のエントロピーを減らし、情報を外にもたらす役割をすることが示されています。つまり、**アイランドとはワームホールの入り口**ということになります。

ワームホールとは一種の時空構造で、量子力学から時空の構造へと話が発展していきます。時空と量子のつながりは現在も発展中の話題で、まだ確定的なことはいえる状況ではありませんが、とても面白い話題なので章を変えて述べることにしましょう。

第8章

量子もつれが時空を生み出す

ブラックホールのアイランド仮説は、量子力学と時空構造に何らかの関係があることを示唆していますが、さらに一歩進んで、**時空の存在そのものが量子力学と深い関係があること**が議論されています。この発端となったのはマルダセナ予想とそれをさらに発展させた日本人物理学者の研究です。量子力学の今後の発展のひとつの方向として、この話題をとり上げましょう。

この研究は**理論物理学の最先端の話題**です。とても興味深い内容ですが、文章だけで理解するのはやはり困難なので、最先端の研究はこんな雰囲気なのか、とその奇妙さ、面白さを感じていただけるだけでも十分です。

缶入りスープでわかるマルダセナ予想

マルダセナ予想に戻りましょう。無限に広い（D＋1）次元の開いた空間（AdS空間＝反ド・ジッター空間）の重力理論は、この空間を無限遠方でとり囲んでいるD次元境界面の量子論と同等であるというのが、マルダセナ予想でした。

わかりやすくいうと、**高次元の重力理論がそれより1次元低い量子論で記述できる**、ということです。たとえば「D＋1次元のAdS空間の中のブラックホールのエントロピー」は、

図44　ＡｄＳ時空とＡｄＳ空間

❶ AdS時空のイメージ

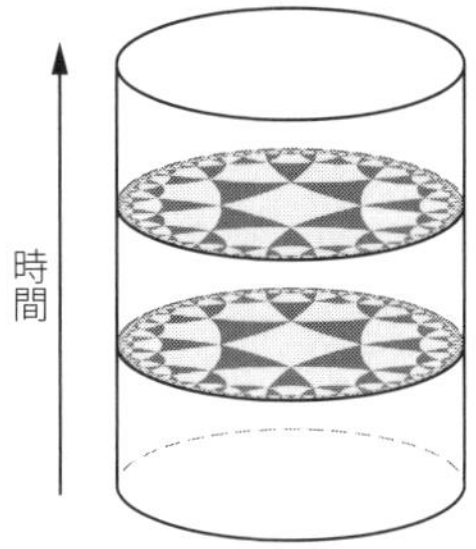

AdS時空＝AdS空間（横方向）＋時間（縦方向）

❷ ある時刻でのAdS空間（開いた空間）のイメージ

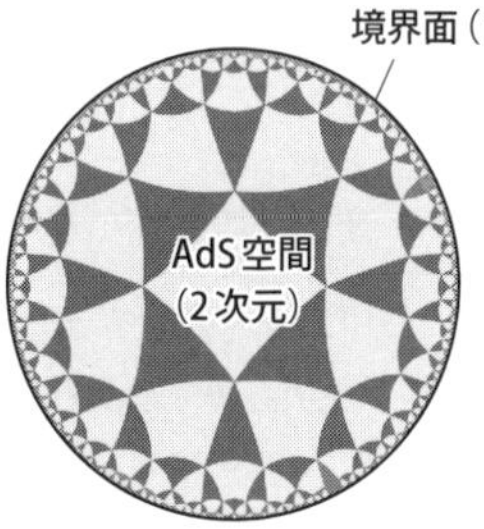

※AdS空間は無限に広がっている。
白や黒の図形はすべて同じ面積だが、
無限に広がっているAdS空間を有限の
空間（円）として表現したため、境界面（円周）
に近いほど、どんどん小さく見える

②の図では円の中身は2次元のAdS空間、円周（境界面）は1次元となっている。
円の中身を3次元、円周を2次元球面とみなすこともできる
（その場合は図42①のような表現になる）

この変わった模様、双曲平面っていうそうにゃ

「D次元境界面のある種の量子の集団のエントロピーに対応する」ということです。AdS空間とその境界面の物理量には1対1の対応があり、その量はどちらで計算しても同じなのです。

高次元の重力理論＝1次元低い量子論で記述できる

←

D＋1次元のAdS空間の中のブラックホールのエントロピー＝D次元境界面の量子集団のエントロピーに対応（どちらを計算しても同じ）

このことはスープが入った缶にたとえられます。**缶詰の表面（＝境界面）には中にどんなスープがどのような状態で入っているかの情報が書き込まれている**ということです。缶入りスープの中身がコーンスープなのかミネストローネなのかは、缶の表面を見ればわかるでしょう。

ただし、この缶の縦方向は無限に長く、時間の方向です（図44①）。縦方向が時間、横方向が空間です。したがって缶の横方向の断面は、ある時刻での円（缶の中身）とそれをとり巻く円周（境界）です。

図44②では中身が2次元の円ですが、私たちが知っている普通の円ではなく、開いた空間であるAdS空間となっています。その円周（境界）は1次元です。さらに想像をたくましくして、中身をたとえば3次元のAdS空間とみなせば、その境界は2次元球面となります（図42①を参照）。

以降は、このような「ある時刻での断面」を考えます。

マルダセナ予想というのは、境界面に缶の中身の情報が書き込まれているということでした。重要なのは、**缶の中身には重力という力が存在するのに対して、その境界面には重力が存在しない**という点です。

そもそもこの予想は、**ホログラフィック原理**を踏まえたものです。ホログラフィック原理とは、オランダの物理学者ヘーラルト・トホーフトとアメリカの物理学者レオナルド・サスキンドによって提唱された考え方で、ブラックホールのエントロピーが表面積に比例するということから示唆されました。

ブラックホールを作った情報は、ブラックホールの中の3次元空間に閉じ込められて外の世界からは失われています。その失われた情報がエントロピーで、それがブラックホールの表面積から求められるということは、失われた情報と同じだけの情報が何らかの形で表面積に保存されているということになります。したがって**3次元の情報がそのまわりの2次元境界面の情報と同じ**ではないか、というのが彼らの発想でした。

ホログラムは2次元のフィルムに特殊な光を当てると3次元的なイメージに見えるものですが、高次元の重力理論がそれより1次元低い量子論で記述できるという予想が概念的にホログラムに似ているので、この名前がついています。

マルダセナ予想は、この原理に対して、ある特別な場合における確固とした理論的背景を与えたのです。

前にも述べましたが、現状ではこの予想は現実の宇宙にそのまま適用できるものではありませんが、現在多くの研究者が現実の宇宙に対応できる可能性を追求しています。そこで、この予想が現実の宇宙に当てはまるものと仮定してみましょう。

空間と量子もつれには関係がある——笠・高柳公式

では、**缶の表面（境界面）の一部だけしか見えないとき、中身のスープ（内部のAdS空間）についてはどの程度わかるのでしょう。**この疑問に答えるのが**笠《りゅう》・高柳《たかやなぎ》公式**と呼ばれるものです。２００６年、当時アメリカの研究所にいた物理学者の高柳匡《ただし》と笠真生《しんせい》は、**境界面の領域の情報量がAdS空間の中のある領域を決めている**ことを発見したのです。

境界面はCFTと呼ばれる、ある種の場の量子論が支配していました。そのため境界面の情報量は**量子情報**と呼ばれ、具体的には**境界面の量子もつれの数**のことです。第7章で述べたように、場の量子論では空間は粒子と反粒子が対生成、対消滅をくり返していたことを思い出してください。そして対生成された粒子対は、量子もつれの状態にありました。

このような**量子もつれにある粒子対の数で決まる量をエンタングルメント・エントロピー**と呼び、それがすなわち量子情報です。

エンタングルメント・エントロピー＝量子情報＝境界面の量子もつれにある粒子対の数

笠・高柳公式をまず2次元の場合で説明しましょう。ある時刻での2次元のAdS空間を考えてみます。したがって缶の中身は円、その境界は円周です。円の一部の円弧をPとし、円弧Pを底辺にして円の中（AdS空間）に広がる領域をいろいろと考えることができます。

図45①を見てください。この図の曲線Aは、円弧Pの両端を結ぶ円内の曲線で長さが最も

短いもの（最短曲線）です。この最短曲線と円弧Pで囲まれた領域（グレーの部分）が、円弧Pが決めているAdS空間の中の領域です。

ここで円弧Pの両端を結ぶ最短曲線は図45②のように直線になると思うかもしれませんが、内部の円は開いた空間なので図45①のような曲線になるのです。

笠・高柳公式は、境界（円周）の一部（円弧P）のエンタングルメント・エントロピーを計算しようと思ったら、円弧上の量子力学を使って計算するのではなく、円弧Pの両端を結ぶ最短曲線を探してその長さをはかればいいということを示したのです。

いまは2次元の例で説明しましたが、笠・高柳公式はより高次元でも成り立ちます。一般には「**AdS空間の境界面の一部の領域Pのエンタングルメント・エントロピーは、AdS空間内の領域Pに対する領域でその表面積が最小のものの表面積で与えられる**」というものです。「領域Pに対する領域」とは、「**領域Pが底になるようなAdS空間の中の領域」という意味で、その中の1つが「表面積が最小」という条件により選ばれます**（図45③）。

境界面でのエンタングルメント・エントロピーを計算するには、普通は量子もつれの数量を数えたりしなければなりません。ですが**この公式を使えば、境界面で囲まれた空間のある**

図45　表面と中の空間が特定の対応（笠・高柳公式）

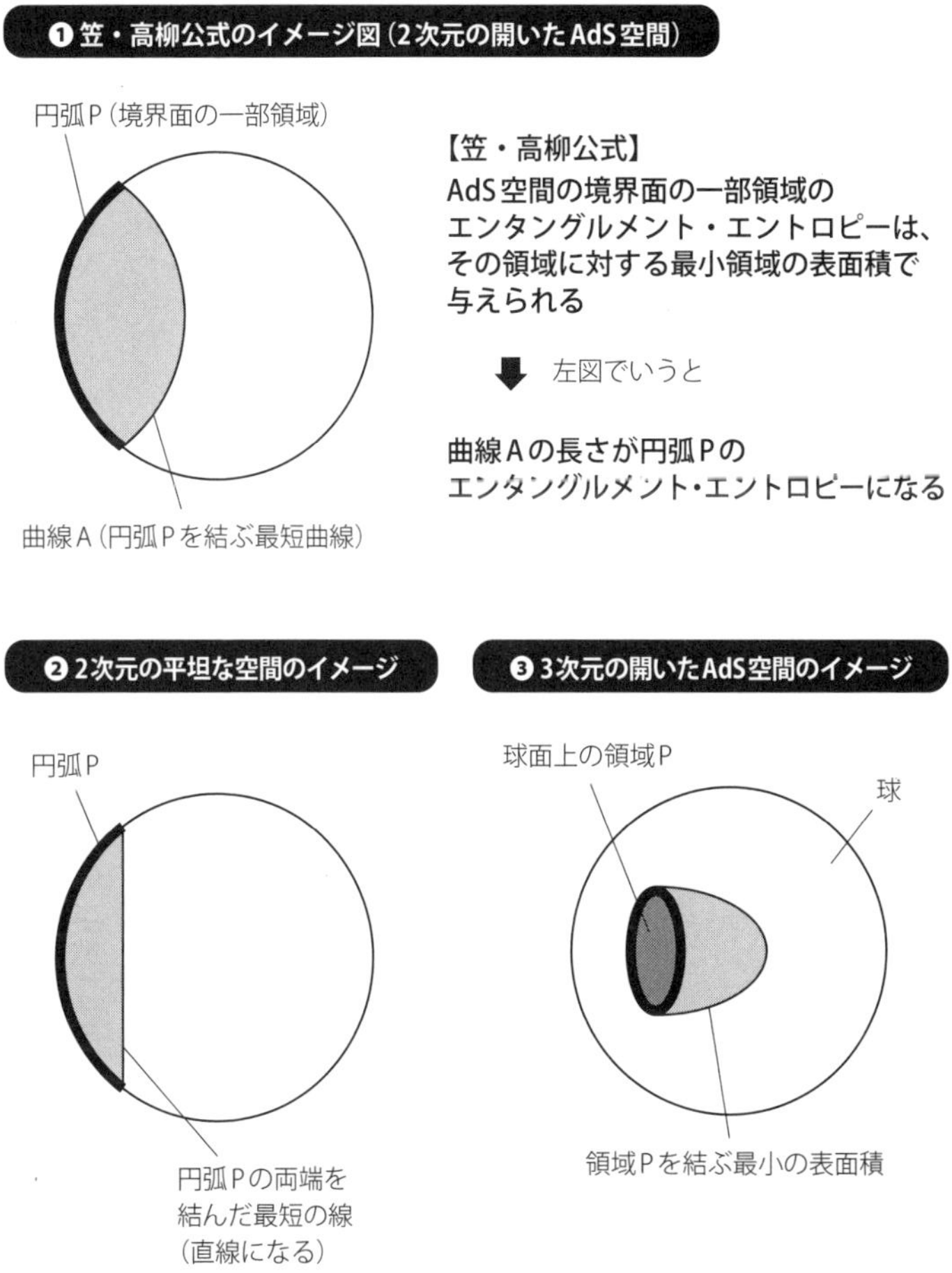

❶ 笠・高柳公式のイメージ図（2次元の開いたAdS空間）
円弧P（境界面の一部領域）
【笠・高柳公式】
AdS空間の境界面の一部領域の
エンタングルメント・エントロピーは、
その領域に対する最小領域の表面積で
与えられる
左図でいうと
曲線Aの長さが円弧Pの
エンタングルメント・エントロピーになる
曲線A（円弧Pを結ぶ最短曲線）
❷ 2次元の平坦な空間のイメージ
円弧P
円弧Pの両端を
結んだ最短の線
（直線になる）
❸ 3次元の開いたAdS空間のイメージ
球面上の領域P
球
領域Pを結ぶ最小の表面積

特定の表面積を計算すれば、それがわかるのです。

エントロピーという「物理的な量」が表面積という「幾何学的な量」で決まる、つまり**「表面と中の空間が特定の対応になっているのを発見した」**のがこの公式なのです。

ここで、**ブラックホールのエントロピーが表面積で与えられた**ことを思い出してください。このときのエントロピーと表面積の関係式と、笠・高柳公式は同じ形をしています。すなわち、「ブラックホールのエントロピー」を「境界面の一部（図45①の2次元では円弧P）のエンタングルメント・エントロピー」に、「ブラックホールの表面積」を「最小曲面の表面積（図45①では最短曲線Aの長さ）」にすればいいのです。これでブラックホールの表面積のもつ情報が、その内部の情報であると解釈できました。大胆に考えれば、ここから次のように推測できるのではないでしょうか。

境界面の情報は、内部のＡｄＳ空間の最小表面積を決め、その表面積は最小表面積で囲まれた空間の中の情報である。したがって、境界面の情報はＡｄＳ空間の情報である。

この境界面上の量子もつれと内部の空間領域の対応は、ＡｄＳ空間という特殊でわれわれの宇宙とはかけ離れている空間で示されたことですが、**量子もつれが空間と何らかの関係がある**ことを強く示唆しています。

量子もつれが空間をつくる⁉ ―― 空間の創発

この量子もつれと空間の関係をさらに明確な形で示して見せたのが、カナダの物理学者マーク・ラムスドンクです。彼は、3次元空間に仮想的に境界面を考えて2つに分け、分かれた2つの領域の間で量子同士が量子もつれ状態にある状態を考えたのです（図46）。

そして量子もつれの数が減っていくと、2つに分けた空間が引き延ばされ、その境界はだんだん狭くなること、量子もつれがすべて消滅すると、3次元の空間は、ちぎれて2つに分裂すると示したのです。**空間は量子もつれによって結びついている、あるいは量子もつれそのものが空間である**といってもよいかもしれません。

このような考えを**空間の創発**と呼んでいます。

さらに量子もつれと空間の関連性を示唆する研究もあります。それは**量子もつれがある種の時空構造にほかならない**とするものです。ある種の時空構造とはワームホールと呼ばれる

図46　空間は量子もつれによって結びついている

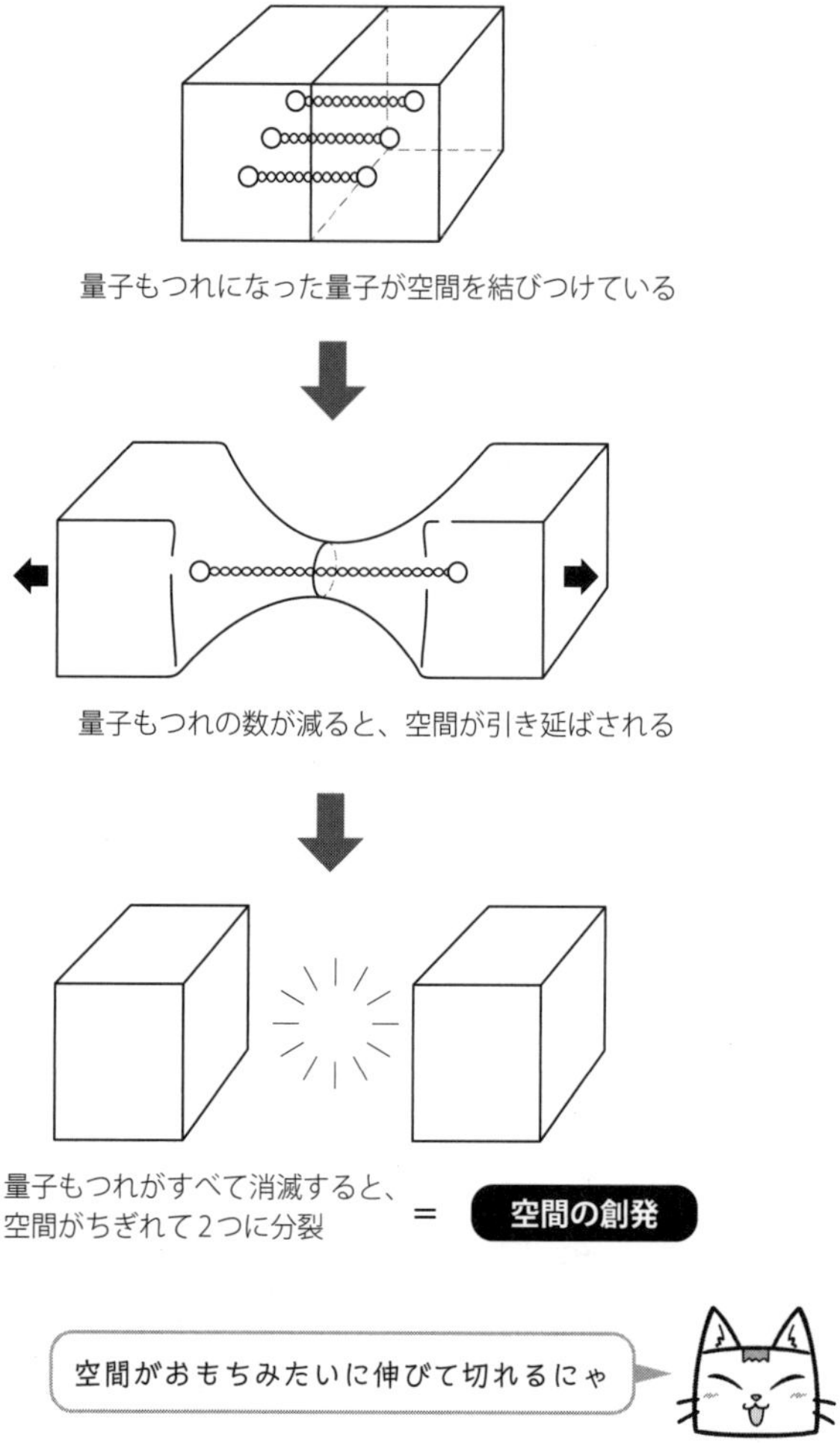
量子もつれになった量子が空間を結びつけている
量子もつれの数が減ると、空間が引き延ばされる
量子もつれがすべて消滅すると、
空間がちぎれて2つに分裂
=
空間の創発
空間がおもちみたいに伸びて切れるにゃ

ものでで、このワームホールにもアインシュタインが絡んでいます。

力は「場」によってもたらされている——一般相対性理論おさらい①

１９３５年、量子もつれがいかに不思議であるかという論文（ＥＰＲパラドックスのこと。第１章参照）を書いた同じ年、アインシュタインは後年**ＥＲ論文**と呼ばれる論文を書きました。Ｅはアインシュタイン、Ｒは量子もつれの論文の共著者でもあるローゼンのことです。この論文は、タイトルは「一般相対性理論における粒子問題」で、粒子とは物質の基本要素であるミクロの粒子のことですが、内容は量子力学とは何の関係もありません。

この論文でのアインシュタインの関心は、場と物質の関係でした。これを理解するには、一般相対性理論について少し説明する必要があります。

先に説明したように、物理学では力は場によって表されます。重力も重力場によって表され、質量（正確にはエネルギー）をもった粒子は重力場の影響により重力を受けるのです。そして**重力場を時空の曲がりとして表したのがアインシュタインの一般相対性理論**でした（図47）。

図47　重力場が光を曲げる（重力レンズ）

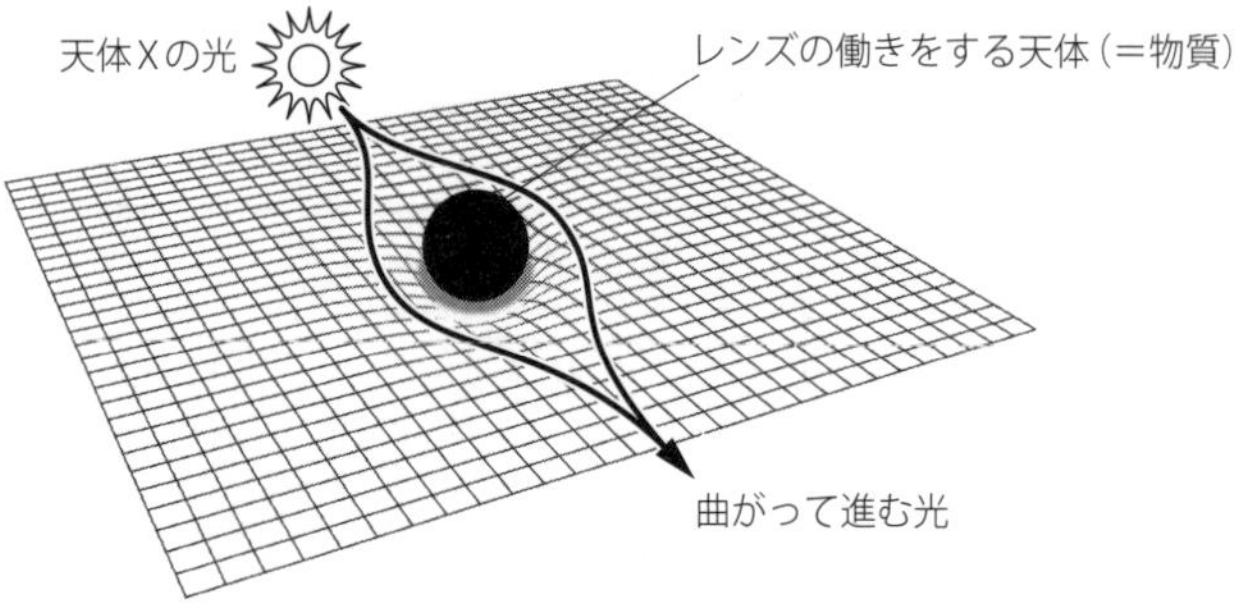

レンズの働きをする天体が周囲の時空を曲げる（＝重力場）。
天体Xからの光は真っすぐ進むが、空間が曲がっているため、
曲がって進むように見える

たとえば重力レンズという現象がありますが、これは光が重力の影響を受けて曲がることで起こります。一般相対性理論では光が真空中を曲がって伝わるのは、重力に引っ張られているのではなく、質量をもった物体のまわりで空間が曲がり、そこに近づいた物体（光＝光子）が曲がった空間をまっすぐ進むため、光は曲がったように見える、とするのです。

時空を曲げるのは物質
——一般相対性理論おさらい②

どのような物質によってどの程度時空が曲がるのかを決めるのが、アイシュタイン方程

図48　アインシュタイン方程式（重力場方程式）

$$G_{\mu\nu} = 8\pi G T_{\mu\nu}$$

時空の曲がり　　物質の状態を表す量

式です。アインシュタインの重力場方程式ともいい、重力による時空の曲がりが、物質またはエネルギーの場によって定まることを示しています（図48）。

　アインシュタイン方程式の左辺は時空の曲がりを表し、右辺は物質を表します。アインシュタインにとって、この方程式の左辺はリーマン幾何《きか》学《がく》という美しい数学から自然に導かれたものであるのに対して、右辺の物質は幾何学とは何の関係もない（と当時は思われていた）物理学にしたがって適当に作ったものでした。

　物理学の方程式は幾何学のように理路整然としていると信じていたアインシュタインにとって、自分が導いたアインシュタイン方程式の左辺は大理石でできた立派な建物であるのに対して、右辺は木造のおんぼろ小屋というわけです。

　ひとこと注意しておくと、この方程式は、**右辺が0、すなわち物質がない場合でも重力（万有引力）が発生する可能性があるこ**

とを示しています。アインシュタインは後年、ブラックホールや重力のゆがみが波として伝わる（重力波《じゅうりょくは》）など、物質の存在とは無関係なさまざまな現象があることを予言し、**実際その通りになっているこ**とが観測結果から明らかになっています。

アインシュタイン・ローゼンの橋＝ワームホール

このように世界が場と物質の2大要素からなっているのが、アインシュタインは不満でした。究極的にはすべてをひとつの要素で表すのが、理論として美しく理想的だからです。そこで物質（粒子）なしで、重力場や電磁場だけで質量や電荷を表せないかと試みました。それがアインシュタインとローゼンのER論文のテーマだったのです。

そして彼らは、このER論文で実際にそれは可能であることを示しました。彼らはアインシュタイン方程式の右辺が0、すなわち**物質がない場合の「特別な解」**を調べました。そして、その解が**「ある半径」のところで、別の同じ解にうまくつながる**ことを発見したのです。**いわば別の宇宙への通路**のようなイメージです。

現在的な観点では、この「特別な解」は**ブラックホールを表す「シュワルツシルト解」**として知られています。

彼らのいう「ある半径」とは、シュワルツシルト半径と呼ばれるブラックホールの表面のことです。現在ではブラックホールの表面の中に入ってしまえば、光ですら中心に向かって引き込まれていき、やがて特異点と呼ばれる重力（正確には潮汐力《ちょうせきりょく》）が無限に強くなる領域に引き込まれてしまうことがわかっています。

しかしアインシュタインとローゼンは、**シュワルツシルト半径で2つの宇宙をつなげば、物質も特異点もない重力場だけが存在する時空ができる**と考えたのです。

残念ながら彼らの見つけた他の宇宙への通り道は、光よりも速い速度でしか通過することができず、普通の物質がその半径にまでたどり着くと必ず中心の特異点に飲み込まれてしまいます。このことがわかるのは後になってからで、当時彼らはシュワルツシルト半径の外側から見ると、物質はなくても重力場だけで粒子を表すことができることに注目したのでした。

シュワルツシルト半径で結ばれた別の宇宙への通路を、アインシュタイン・ローゼンの橋と呼んでいます。どちらの宇宙から見てもブラックホールがあって、超光速で飛び込めば反対側の宇宙に行けるというしくみです。

現在、アインシュタイン・ローゼンの橋は、より一般に**ワームホールと呼ばれる時空構造の一種**とみなされています。ワームホールは、日本語では「時空の虫食い穴」と呼ばれます。

たとえばリンゴの表面の1ヵ所から虫が実を食べ進めて、別の場所から出てくる虫食い穴を想像してみてください。リンゴの表面が時空です。時空の離れた2点を虫食い穴のように結んでいるのがワームホールです。

ER＝EPRの意味するもの

この量子力学とは何の関係もないと誰もが思っていたワームホールが、量子もつれと深いつながりがある可能性が、2013年にマルダセナとサスキンドによって指摘されました。

量子もつれにある粒子対は、その間に物理的に何のつながりがなくても、「一方の状態が確定すれば、瞬時に他方の状態も確定すると認めざるをえない関係」でした。本当に物理的に何のつながりもないのでしょうか。

一方で、笠・高柳公式やラムスドンクの研究から、「量子もつれが空間を創発する」という考えが出てきました。

それに先立って、マルダセナたちは量子もつれにある粒子対を多数作り、その片方からそれぞれミクロサイズのブラックホールを作ることを考えました。したがって、この2つのブラックホールは量子もつれの関係にあるといえます。この**量子もつれがブラックホール内部**

図49　ER＝EPR（ワームホール＝量子もつれ）

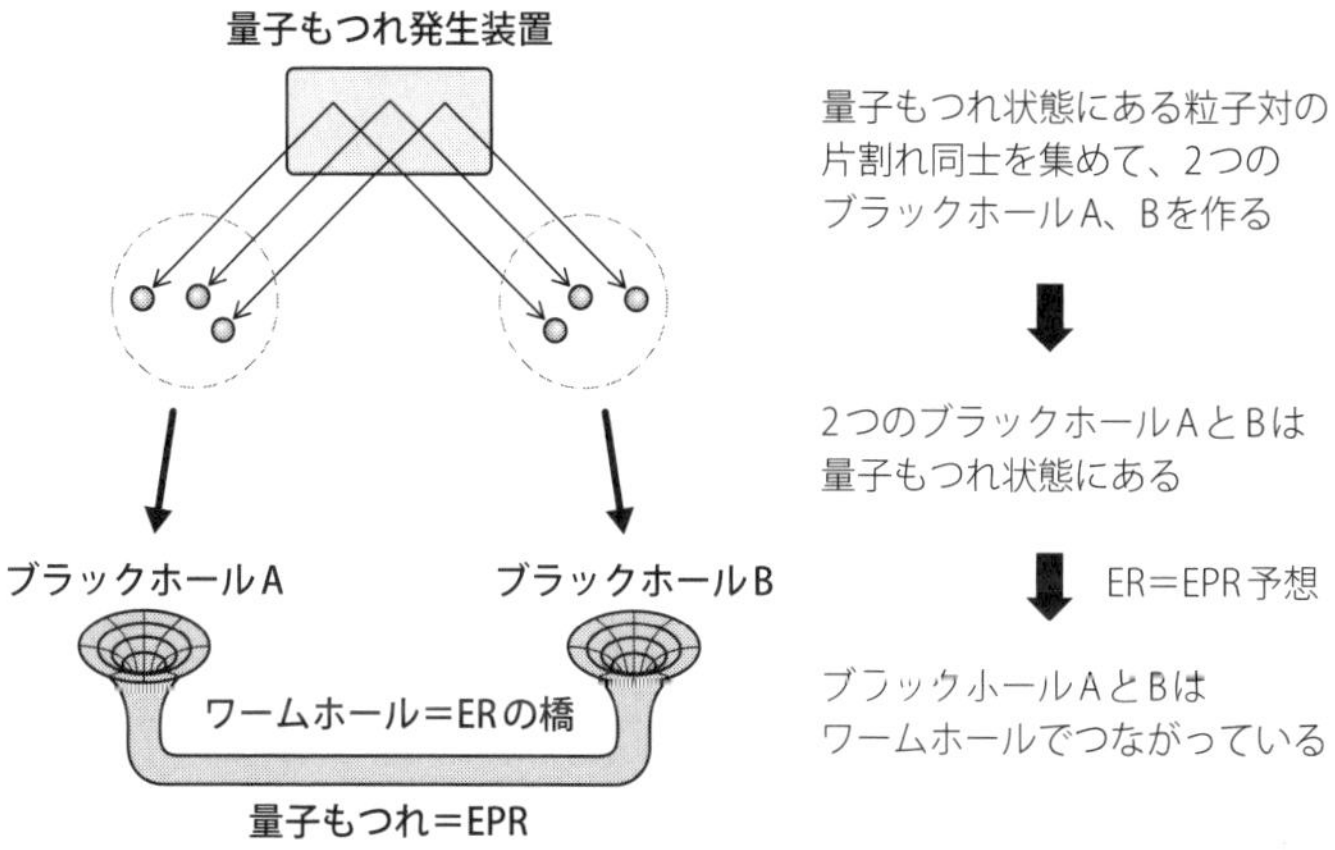
量子もつれ発生装置
量子もつれ状態にある粒子対の片割れ同士を集めて、2つのブラックホールA、Bを作る
2つのブラックホールAとBは量子もつれ状態にある
ER＝EPR予想
ブラックホールAとBはワームホールでつながっている
ブラックホールA
ブラックホールB
ワームホール＝ERの橋
量子もつれ＝EPR

をつなぎ、アインシュタイン・ローゼンの橋のようなワームホールを作ると考えたのです（図49）。

さらに彼らは、**個々の量子もつれが、究極の極小サイズであるプランクスケールのワームホールでつながっている**という提案もしています。この提案は、象徴的に、**ER＝EPR**と呼ばれています。

ERはこれまで見てきたようにワームホールのこと、そしてEPRは量子もつれがもたらす現象を示したEPRパラドックスのこと（のちにこれはパラドックスでなく本当に存在することが判明）で、ここでは量子もつれの代名詞として使われています。

つまり、**量子もつれとワームホールは同じことだ**、とマルダセナたちはいっているのです。80年近くの時を経て、**まったく無関係と思われた2つの論文が実は同じことを別の角度から見ていた**ということがわかりました。

なお、**プランクスケールというのは**重力の法則に現れる自然定数であるニュートンの重力定数、相対論に現れる自然定数の光速度、そして量子力学に現れる自然定数のプランク定数の3つの自然定数の組み合わせから作られる時間、空間エネルギーの基本単位のことで、**最小の時間間隔、空間間隔、エネルギーの大きさのこと**です。

重力は量子もつれから作られる？

重力とは時空の曲がりであることを一般相対性理論は教えています。そして量子的な効果は時空の確率的な揺らぎとして現れ、宇宙誕生やブラックホール内部の特異点発生では、その揺らぎが非常に大きくなり、一般相対性理論は大きく変更されると思われます。この**一般相対性理論を量子力学と矛盾なく理論化することを「重力場を量子化する」といい、そのような理論が量子重力理論です。**

量子重力理論によって初めて重力場の量子揺らぎが完全に理解され、「時間とは何か」「空間とは何か」という根源的な疑問に答えられるのではないか、という期待がありました。そのため量子重力理論の研究は、量子力学の誕生以来綿々と続けられてきました。

そして１９８０年代から超弦理論などの有力な理論も出てきていますが、**これまでの研究の大前提は、自然界にある４つの力のうち重力はほかの電磁気力、弱い力、強い力と同等の自然界の力である**という信念でした。

しかし１９９０年以降の量子力学の発展は、この信念に大きな疑問を突きつけています。**重力はほかの３つの力と同等ではなく、量子もつれから作られる二次的な力である可能性が出てきている**のです。

残念ながらこの可能性については、私たちが住んでいる現実の膨張している宇宙とは違う性質をもった時空での理論的研究が主です。とはいえ、現実の宇宙に対しても、多くの研究者がこの可能性を追求し始めており、成果も上がりつつあります。

量子と時空のつながりを量子コンピュータで解明

このような考えが実際に検証される可能性はあるのかと思うかもしれません。この方面では量子コンピュータを使って実験をおこなうことができるだろうという期待があります。

量子コンピュータでは、複数の量子ビットに量子もつれの関係をもたせることができます。さらに量子コンピュータ内の離れた回路同士を量子もつれ状態にすることも可能です。

２０１５年に**量子コンピュータの中でワームホールに対応する量子回路が考案**されました。これは、７つの量子ビットからなる回路２つを組み込んで、それぞれをワームホールの入り口とし、それらの間に量子もつれを実現することでワームホールに相当させるものです。

２０２２年には９つの量子ビットからなる量子コンピュータ内にその回路が実装されて、片方の入り口に対応する回路に挿入した量子状態が他方の回路へ瞬時に移動したことが確認されました。これは重力の理論として見ると、ワームホールを通って情報が瞬時に移動したことと同じであり、**量子コンピュータ間にワームホールが実際にできた**と解釈できるのです。

この実験はまだ少数の量子ビットからなる回路を使った実験で、簡単な時空の状況しか再現できていませんが、**将来的にはブラックホール蒸発などのより複雑な現象に対応する実験が量子コンピュータで可能になる**かもしれません。

量子もつれという量子力学特有の現象を通して、量子物理学、時空の物理学、量子情報科学が深く結びついていることがだんだん明らかになってきています。**そう遠くない将来、量子力学と時空のつながりが完全に解明される**ことに期待しましょう。

索引

著者略歴

1953年、北海道に生まれる。京都大学理学部を卒業後、ウェールズ大学カーディフ校応用数学・天文学部博士課程を修了。マックス・プランク天体物理学研究所、米・ワシントン大学研究員、東北大学大学院教授、京都産業大学教授などをへて東北大学名誉教授。一般相対性理論、宇宙論が専門。

著書には『ブラックホールに近づいたらどうなるか？』『宇宙人に、いつ、どこで会えるか？』『宇宙の謎 暗黒物質と巨大ブラックホール』『宇宙大全 これからわかる謎の謎』（以上、さくら舎）、『やさしくわかる相対性理論』『宇宙の始まりと終わり』（以上、ナツメ社）、『身の回りの科学』（あさ出版）、『宇宙用語図鑑』（共著、マガジンハウス）、『ブラックホール』（中公新書）、『基礎から学ぶ宇宙の科学 現代天文学への招待』（講談社）などがある。

量子《りょうし》テレポーテーションで人間《にんげん》は転送《てんそう》できるか？
――やさしく読《よ》める量子力学《りょうしりきがく》

二〇二五年四月六日　第一刷発行

著者　二間瀬敏史《ふたませとしふみ》
発行者　古屋信吾
発行所　株式会社さくら舎　http://www.sakurasha.com
東京都千代田区富士見一-二-一一　〒一〇二-〇〇七一
電話　営業　〇三-五二一一-六五三三　FAX　〇三-五二一一-六四八一
編集　〇三-五二一一-六四八〇　振替　〇〇一九〇-八-四〇二〇六〇

装丁・装画　夏来怜
本文図版制作　株式会社ウエイド
本文ＤＴＰ　土屋裕子（株式会社ウエイド）
印刷　株式会社新藤慶昌堂
製本　株式会社若林製本工場

ISBN978-4-86581-459-0